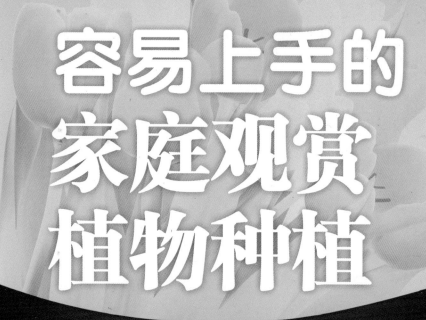

容易上手的家庭观赏植物种植

主　编　马西兰
副主编　刘耕春　李　涵
编　者　谭国栋　程霞英　尹　川
　　　　张　鹏　王　云　朱亚璇
　　　　孙海波　张华颖　徐　璇
　　　　程文娟　曹　桦　杨秀梅
　　　　李树发　黎　霞

天津出版传媒集团

天津科技翻译出版有限公司

图书在版编目（CIP）数据

容易上手的家庭观赏植物种植 / 马西兰主编 . —天津：天津科技翻译出版有限公司，2014.11

ISBN 978-7-5433-3409-0

Ⅰ . ①容… Ⅱ . ①马… Ⅲ . ①观赏植物－观赏园艺 Ⅳ . ① S68

中国版本图书馆 CIP 数据核字（2014）第 136605 号

出　　　版：天津科技翻译出版有限公司
出 版 人：刘 庆
地　　　址：天津市南开区白堤路 244 号
邮政编码：300192
电　　　话：（022）87894896
传　　　真：（022）87895650
网　　　址：www.tsttpc.com
印　　　刷：唐山新苑印务有限公司
发　　　行：全国新华书店
版本记录：787×1092　16 开本　10.5 印张　100 千字
　　　　　　2014 年 11 月第 1 版　2014 年 11 月第 1 次印刷
　　　　　　定价：39.80 元

前　言

　　随着时代的发展和人们生活水平的提高，很多人开始注重室内的绿化美化。居室里如果连一盆花草都没有，就会显得单调、毫无生机、死气沉沉。现在越来越多的花卉逐渐走进我们的居室、办公室、商场、写字楼等场所，这些美丽的花卉，不仅能美化我们的生活，还能净化空气、增加空气湿度，而我们在养护的同时还能锻炼身体、活跃思维，可谓情趣多多、益处多多！

　　花卉是有生命的艺术品，除了美化居室外，还能改变人的情绪，使人心情愉快、神清气爽。如果室内摆上几盆仙人掌类植物，我们仿佛置身于沙漠戈壁；如果摆上几盆热带观叶植物，又可以领略独特的热带风光；如果摆上几盆树木盆景，则仿佛生活在大自然的怀抱里……那么若把我们的居室或小院布置得像花园一样，即使足不出户，也能尽享大自然的美好风光。

　　当今社会物质极大丰富，各种花卉都可以在花卉市场买到，有些花卉的繁殖很容易，当你在养护的过程中遇到麻烦时，希望能在本书中找到答案。本书主要介绍了养花的好处，花卉的观赏要点，花卉的分类，一些常见观花植物、观叶植物、多肉植物的养护、培育方法、病虫害的防治等内容。

　　本书的语言尽量做到通俗易懂，希望帮助读者了解一些室内花卉的养植知识，将这些可爱的植物养护得生机勃勃，尽情享受养护和观赏植物所带来的快乐。

　　本书部分图片由天津市园林花圃提供，在此表示衷心的感谢。书中文字除来自编者多年的实践积累外，有些部分还参考了国内外书籍和网站，在此一并表示感谢。书中难免有错误疏漏之处，望读者和专业人士批评指正。

编者

2014 年 5 月

目 录

第一章　家庭养花益处多

花卉可以改善环境 / 2

花卉可以净化空气 / 3

花卉可以改变人的情绪 / 4

养花有益于身心健康 / 5

养花可以锻炼身体 / 5

花卉有养生防病的功能 / 6

有些花卉有毒，养护时需小心 / 7

第二章　品花赏花情趣多

花色五彩缤纷 / 10

红色花卉 / 10

黄色花卉 / 12

紫色花卉 / 13

绿色花卉 / 14

白色花卉 / 15

粉色花卉 / 16

花香沁人心脾 / 18

花姿形态各异 / 19

花韵撩人情思 / 20

第三章　优美的花卉语言

我国的十大名花及花语 / 22

王者之香——兰花 / 22

花中之魁——梅花 / 22

国色天香——牡丹 / 23

凌霜绽放——菊花 / 23

百花仙子——月季 / 24

凌波仙子——水仙 / 24

金秋骄子——桂花 / 25

出水芙蓉——荷花 / 25

花中西施——杜鹃 / 26

花中娇客——山茶花 / 26

第四章　分门别类谈花卉

按形态特征分类 / 28

草本花卉 / 28

木本花卉 / 28

多肉花卉 / 28

按观赏部位分类 / 29

观花类 / 29

观叶类 / 29

观果类 / 30

观茎类 / 30

按开花季节分类 / 30

春季花卉 / 30

夏季花卉 / 31

秋季花卉 / 31

冬季花卉 / 31

按花卉对光照的要求分类 / 32

喜阳花卉 / 32

喜阴花卉 / 32

喜半阴花卉 / 33

按花卉对日照时间的要求分类 / 33

长日照花卉 / 33

短日照花卉 / 33

中日照花卉 / 34

按花卉对温度的要求分类 / 34

耐寒花卉 / 34

半耐寒花卉 / 35

不耐寒花卉 / 35

按花卉对水分的需求分类 / 35

喜旱花卉 / 35

喜湿花卉 / 36

中性花卉 / 36

播种繁殖 / 45

种子的采收 / 45

种子的储藏 / 45

种子的消毒方法 / 45

种子的催芽方法 / 46

花卉的播种时间 / 46

土壤消毒 / 46

分生繁殖 / 47

扦插繁殖 / 47

叶片扦插 / 47

枝条扦插 / 48

根插 / 48

第五章　花卉养护与繁殖

花卉的外衣——花盆 / 38

花卉的温床——土壤 / 38

怎样配制培养土 / 39

花卉搬家了——换盆 / 40

花卉的"美容"——整形修剪 / 40

花卉修剪的时间 / 40

花卉修剪的方法 / 41

花卉整形的形式 / 41

花卉生命的源泉——水分 / 42

如何浇水更有利于花卉的生长？ / 42

不同生长时期，花卉对水分的要求有哪些？ / 43

花卉的营养——肥料 / 43

肥料的种类 / 43

如何给花卉施肥？ / 44

施肥应注意哪些问题？ / 44

第六章　病虫简易防护术

花卉的叶片上有"白霜" / 50

发病症状 / 50

防治方法 / 50

花卉的叶片上长了"小雀斑" / 50

发病症状 / 50

防治方法 / 50

花卉的叶片"发霉了" / 51

发病症状 / 51

防治方法 / 51

如何赶走那些小害虫？ / 52

蚜虫 / 52

白粉虱 / 52

红蜘蛛 / 52

不用农药巧防病 / 53

食醋法 / 53

风油精法 / 53

花椒水法 / 53

生姜水法 / 54

大蒜液法 / 54

洗衣粉法 / 54

大葱液法 / 54

黄板诱杀法 / 54

第七章　常见花卉的养护

美丽迷人的观花植物 / 56

杜　鹃 / 56

水仙花 / 58

四季海棠 / 60

金盏菊 / 62

仙客来 / 64

蝴蝶兰 / 66

花毛茛 / 68

火鹤花 / 70

耧斗菜 / 72

虞美人 / 74

非洲菊 / 76

紫罗兰 / 78

郁金香 / 80

天竺葵 / 82

倒挂金钟 / 84

口红花 / 86

代代花 / 88

君子兰 / 90

蒲包花 / 92

鹤望兰 / 94

果子蔓 / 96

美女樱 / 98

长春花 / 100

清新亮丽的观叶植物 / 102

文　竹 / 102

彩叶草 / 104

鹿角蕨 / 106

变叶木 / 108

袖珍椰子 / 110

孔雀竹芋 / 112

绿　萝 / 114

常春藤 / 116

吊　兰 / 118

冷水花 / 120

西瓜皮椒草 / 122

鸟巢蕨 / 124

一叶兰 / 126

朱　蕉 / 128

酒瓶兰 / 130

马拉巴栗 / 132

散尾葵 / 134

富贵竹 / 136

八角金盘 / 138

春　羽 / 140

旱伞草 / 142

憨厚可爱的多肉植物 / 144

莲花掌 / 144

虎尾兰 / 146

龙舌兰 / 148

玉米石 / 150

芦　荟 / 152

金　琥 / 154

蟹爪兰 / 156

仙人掌 / 158

生石花 / 160

第一章

家庭养花益处多

随着生活水平的不断提高，我们的居室装修得也越来越豪华。居室里如果一点花草都没有，就会让人觉得单调、乏味且毫无生机。因此，越来越多的人开始重视室内绿化，花卉逐渐走进千家万户。花卉不仅能给人带来美好的视觉享受，它们本身还能吸收空气中的二氧化碳，释放出氧气，同时能够增加空气湿度，减弱噪声，所以花草多的地方，我们觉得空气清新，呼吸畅快，感觉心旷神怡。其实养花的好处还多着呢！

→花卉可以改善环境←

花卉在美化居室的同时，还能增加空气湿度。北方的冬季室内有暖气，空气比较干燥，我们可以养几盆水生花卉来增加空气湿度，如水仙、富贵竹、绿萝、水芙蓉等。我们每天对盆花进行叶面喷水，无疑也增加了室内的空气湿度。花卉还能增加空气中氧气的浓度，如果把家布置得像花园一样，我们就可以每天生活在大自然的怀抱里，进而感到神清气爽、精力充沛！

水芙蓉

富贵竹

花叶万年青

龙血树

绿萝　　水葫芦

→花卉可以净化空气←

芦荟

花卉不但能美化环境，有些花卉还能吸收空气中的有害气体，是天然的"空气净化器"。新装修的房子很适合摆放下述花卉：吊兰、绿萝吸收甲醛、一氧化碳等有毒气体的能力很强；芦荟不但能吸收苯、甲醛等有害气体，还能增加空气中负氧离子的浓度；常春藤能吸收苯、甲醛等有害气体，还能抑制烟雾中尼古丁的致癌物；袖珍椰子能吸收空气中的苯、三氯乙烯、甲醛等有害气体。

常春藤

绿萝

袖珍椰子

吊兰

→花卉可以改变人的情绪←

人在郁闷、烦躁的时候，赏花能改变人的情绪。家里摆放一些自己喜欢的花卉，会营造出一个温馨的生活环境，让人心情更愉快，家庭更加和睦美满。有些花卉散发出的香味，能改善人的情绪。兰花、水仙散发出的淡淡清香，能使人心情放松、减轻病痛；桂花、风信子散发出的香甜气味，能使人心情愉快、缓解疲劳；代代花、玫瑰的浓郁花香，能使人兴奋，改变人低落的情绪；竹芋、吊兰、万年青等观叶植物，散发出的自然清新气息，能使人紧张的精神得到松弛。

风信子

箭羽竹芋

竹芋

兰花

吊兰

→养花有益于身心·健康←

从科学的角度来讲，花卉接受了大自然的光照、水分并且吸收了土地的精华，对人具有调和身心的作用，不同形态、色彩的植物，就会有不同的影响力。人的情绪直接影响着身体的健康，如果我们每天生活在鸟语花香的环境里，心情自然愉快，各种疾病自然也会悄然而去。

风信子

→养花可以锻炼身体←

尤柏球

在养护花卉的过程中，我们要经常浇水、翻盆、修枝、施肥，而且还要经常搬动花盆，这些体力劳动可以使四肢的肌肉、关节得到锻炼，从而使新陈代谢更加旺盛，抵抗力增强，有效地预防疾病，延缓衰老。

→花卉有养生防病的功能←

有些花卉的味道或分泌物有杀菌消炎的功效，能缓解、治愈一些疾病。天竺葵、合果芋、仙人掌等花卉能分泌植物杀菌素，杀死有害细菌；玫瑰、茉莉等花卉的香味，可以有效缓解咽喉炎、扁桃体炎引起的不适；薰衣草的花香有缓解精神紧张、安神促睡眠的神奇功效；将薄荷叶片揉碎，把汁液涂在蚊虫叮咬的部位，可以止痒、止痛消肿，如果头痛，将汁液涂在太阳穴上，可缓解疼痛症状。红色的花朵可以使人增加食欲，绿色的叶片对人的眼睛有保护作用。

玫瑰

薄荷

合果芋

天竺葵

仙人球类

薰衣草

→有些花卉有毒，养护时需小心←

一般来说，植物有毒主要分为两种：一是吃进去后中毒，二是接触后中毒。还有就是部分器官有毒，对待这些植物，只要不把它们的茎叶折断，不触碰里面的汁液，或者放进嘴里嚼，就不会有危险。家中有小孩的朋友，摆放下述花卉需小心。

🌸 滴水观音比较常见，它本身无毒，可它会吸收空气中的有毒气体、重金属等，一部分有毒物质会自然分解，而有些不能分解的则残留在它的细胞中，这时如果孩子误舔、误食就会中毒。中毒后，应马上漱口，并及早送医院救治。

滴水观音

🌸 一些花草香味过于浓烈，人长期吸收它的香味，就会难受，甚至产生不良反应，如夜来香、五色梅等。

🌸 夹竹桃的花朵很漂亮，但它的茎、叶乃至花朵都有毒，其气味如闻得过久，会使人昏昏欲睡、智力下降。它分泌的乳白色汁液，误食会中毒。

🌸 家庭栽种水仙一般都没问题，但它的鳞茎里面含有拉丁可毒素，误食可引起呕吐、肠炎。叶和花的汁液可使皮肤红肿，切记不要把这种汁液弄到眼睛里去。

虞美人

🌸 虞美人全株有毒，植株体内含有毒生物碱，尤其果实毒性最大，如果误食则会引起中枢神经系统中毒，严重的还可能会有生命危险。

🌼 含羞草内含有含羞草碱，接触过多可能会导致眉毛稀疏、毛发变黄，严重的还会引起毛发脱落。

🌼 仙人掌类植物的刺内含有毒汁，人体被刺伤后，会产生皮肤红肿疼痛、瘙痒等过敏症状，进而导致全身不适，心神不宁。

含羞草

🌼 一品红全株有毒，如果碰触茎叶里的白色汁液，会使皮肤红肿，如误食茎、叶，会有中毒死亡的危险。

🌼 黄色杜鹃的植株和花内均含有毒素，误食会中毒；白色杜鹃的花中含有四环二萜类毒素，人误食后会有呕吐、呼吸困难、四肢麻木等中毒症状，重者还会引起休克。

花叶万年青

🌼 花叶万年青的花叶内含有草酸和天门冬素，误食后会引起口腔、咽喉、食管及胃肠肿瘤，严重的会损害声带，使人变哑。

水仙

仙人球类

一品红

第二章

品花赏花情趣多

　　种花是为了赏花，花卉的观赏包括色彩、香味、姿态、韵味四个方面。赏花的奥妙在于一个"美"字，中国人视花为美的化身、幸福美好的象征。花既可以欣赏它的外部形态美，包括新芽萌动、花朵开放、枝条在风中摇曳，体现了一种力量，这就是生命的象征，同时花是有情之物，可以撩人情思、寄予新曲。花开时人心情舒畅，花谢时人难免伤感。人们在欣赏花卉绚丽多彩外形的同时，也欣赏其兴盛、繁荣、凋谢、枯萎的内在美，还有追求花卉所产生的心灵感应，即花的韵味美。

→花色五彩缤纷←

　　花美主要表现在色彩上，花的颜色比任何人为合成的颜色都更加自然、和谐。在大自然中，花卉的颜色五彩缤纷，洁白的玉簪花、火红的石榴花、金黄的菊花……它们用璀璨夺目的颜色，绘制出一幅幅美丽的图画。这些鲜艳的花色对人的生理和心理产生一定的作用，因而具有一定的感情象征意义，那你知道不同的花色有什么象征意义吗？

↓红色花卉

　　红色是温暖之色，使人兴奋、充满活力且催人向上。室内摆放红色的花卉，给人以温暖、喜庆的感觉。

　　红色花卉有串红、红掌、非洲菊、玫瑰、凤仙花、扶桑、鸡冠花、叶子花、红杜鹃等。

一品红

凤梨

扶桑

康乃馨

美女樱

口红花

叶子花

绿宝石

鸡冠花

非洲菊

↓黄色花卉

黄色是迷人之色，也是丰满、甜美之色。黄色代表富贵，在古代，是至高无上权威的象征。室内摆放黄色的花卉，给人以富丽堂皇的感觉。

黄色花卉有向日葵、菊花、黄晶菊、蝴蝶兰、万寿菊、金盏菊、黄玫瑰、蒲包花、黄杜鹃、黄睡莲等。

兜兰　菊花　蝴蝶兰　蒲包花　黄玫瑰　孔雀草　向日葵

↓紫色花卉

紫色是大自然中比较稀有的颜色，代表优雅、高贵。室内摆放紫色的花卉，能激发人的灵感和创造力。

紫色花卉有紫荆、美女樱、洋桔梗、紫牡丹、牵牛花、郁金香、三色堇、勿忘我、紫罗兰等。

紫罗兰

美女樱

彩色马蹄莲

三色堇

紫荆

兰花

鸟巢蕨

↓绿色花卉

绿色是大自然最宁静的色彩，它象征着生命、自由、和平、希望。室内摆放绿色的花卉，能缓解视力疲劳，给人以自然清新的感觉。

在自然界中绿色的花卉很少，一些观叶植物的绿色叶片有极高的观赏价值，如冷水花、袖珍椰子、鹿角蕨、竹芋、龟背竹等。

兰花

肾蕨

冷水花

箭羽竹芋

红掌

梨花

马蹄莲

蝴蝶兰

菊花

↓白色花卉

白色是清纯、纯洁、神圣的象征。室内摆放白色的花卉，能给人以清凉、宁静的感觉。

白色花卉有马蹄莲、白玉兰、晚香玉、玉簪、白晶菊、梨花、白百合、白蔷薇、代代花、白色蝴蝶兰等。

月季

↓ 粉色花卉

粉色代表甜美、温柔、纯真，能唤起人们美好的回忆。室内摆放粉色的花卉，给人以温馨、甜蜜的感觉。

菊花

粉色花卉有桃花、非洲菊、矮牵牛、康乃馨、蝴蝶兰、非洲凤仙、仙客来、美女樱等。

花色五彩缤纷，其他还有橙色、复色等。颜色分为冷色和暖色，冷色包括白色、蓝色、绿色、青色。在炎热的夏季，如果把茉莉、水竹草、冷水花等冷色调花卉摆在家中，会给人以凉爽的感觉。暖色包括红色、黄色、紫色、橙色。寒冷的冬天，室内摆放一品红、红掌、紫色仙客来等暖色调花卉，能给人以温暖甜蜜的感觉。

百合　　垂钓牵牛
非洲凤仙　　绣球花

非洲菊

风信子

叶子花

四季海棠

芍药

鸡冠花　紫薇

→花香沁人心脾←

月季

花香与各种香料、香水的味道相比，更自然、淡雅，人闻到后，会感觉很舒服，使人进入如梦如醉的境界。花香虽难以言传，但却使人难以忘怀。宜人的花香是赏花的主要部分。不同的花卉有不同的香，不同的香会给人们带来不同的感受。比如梅花的清香可以使人头脑清醒，桂花的甜香可以使人心情愉快，兰花的幽香可以使人产生美好的回忆……

自古就有很多诗词来描述花卉的奇香，比如"占尽天下第一香"的兰花，淡淡的清香，沁人心脾，妙不可言，既能提神醒脑，又能清凉消暑。

"花香醉人浓似酒"的是瑞香。瑞香花在春节前后盛开，在室内摆放一盆，可使满室生香。

"疑是广寒宫里种，一秋三度送天香"指的是桂花。桂花虽没有艳丽的色彩，但其香味迷人，令人陶醉。每当桂花盛开时，香飘四溢，给人以不尽的嗅觉享受。

"暗送娇香入画庭"的栀子花，香味扑鼻，令人陶醉。

"一枝在内，满屋飘香"的兰花。兰花以其幽香清雅、醇正、袭远、持久，被称之为"香祖"。兰花的香味很难仿制，像幽灵一样，飘忽不定，若有若无，忽远忽近，难以捉摸，故有"幽香"之称。

把有香味的花卉如薰衣草、代代花、紫罗兰等摆放在室内，定会令人心情舒畅，回味无穷。

桂花

→花姿形态各异←

赏花闻香固然令人回味无穷，观赏花卉的姿态也别有一番情趣。花姿是花卉观赏的一个重要指标之一，花卉的自然形态可谓令人称奇。木本花卉有圆锥形态的雪松、张牙舞爪的龙爪槐、大腹便便的酒瓶兰、匍匐形态的铺地柏……有些盆景，通过人为的艺术加工，其姿态也是千奇百怪，美不胜收。

草本花卉的姿态也是各有千秋，比如吊兰，花色、花香都很普通，但从整体看，姿态优美，叶片似兰，淡雅青翠，花茎奇特，悬空垂下，特别是茎端长出的新株，随风摇荡，别有飘逸之美。碧绿端庄的文竹，叶片文雅，茎干纤细，似竹非竹，花朵虽不艳不香，但姿态潇洒清秀，深受人们的喜爱。虞美人，纤细的株型，轻盈的花茎，艳丽的花色，随风曼舞，十分动人。最近几年新发现的跳舞草，可以随着人们的歌唱或音乐，翩翩起舞，也颇有情趣。

→花韵撩人情思←

牡丹

花卉的色彩、香味、姿态是大自然赋予花卉的自然属性，被人们称为自然美。我们在欣赏花卉自然美的同时，往往会产生许多联想，把花卉人格化，再赋予某种感情，从中领略其神韵，达到人与花相通的境界，这就是花卉风韵之美。花韵是花卉自然美的凝结和升华，是花卉的内在美，赏花追求韵，是对美的更高境界的要求。

赏花者如果欣赏到了某种花的风韵美，那才算感受到了花卉的真正美，领略到花卉的灵气。不同花卉有不同风采，而因花撩起的缕缕情思，又使景物进入了诗画的境界。赏花时，把花卉的外形和内涵结合起来，突出花的风韵，这就是赏花的最高境界。古代有很多诗词佳句来表达花卉的神韵美。

描写水仙花的"清香自信高群品，故与江梅相并时"。

描写牡丹的"竞夸天下无双艳，独立人间第一香"。

描写梅花的"寒梅雪中春，高节自一奇"。

描写兰花的"虽无艳色如娇女，自有幽香似德人"。

描写菊花的"宁可枝头抱香死，何曾吹落北风中"。

描写花落的"落花不是无情物，化作春泥更护花"。

了解花卉的观赏要点"色、香、味、韵"，有利于提高我们的审美，在赏花时，把外形与气质结合起来，突出了花的神态和风韵，会增强它的艺术魅力。花卉是有生命、有灵性的"艺术品"，它不但能美化我们的生活环境，还能表达某种感情，寄予某种希望，增添生活情趣。

第三章
优美的花卉语言

　　人有人言，兽有兽语，花卉也有自己的语言，就是人们常说的花语。花语是指各国、各民族根据花卉的特点、习性和传说典故，赋予花的某种象征意义。花语是用花来表达人的语言，同一种花各国各民族的花语不同。同一种花不同的花色，也有不同的象征意义。花卉蕴含了人们丰富的情感，如玫瑰象征着爱情，紫罗兰代表着朴素、诚实，万寿菊、常春藤则寓意着健康长寿……

→我国的十大名花及花语←

↓王者之香——兰花

兰花叶片淡雅，花味幽香，高雅脱俗。有诗云"兰为王者香，芬馥清风里"，故有"天下第一香"的美称。兰花象征高雅、淡薄、不为名利。花语为美好、高洁、贤德。

↓花中之魁——梅花

梅花冬季开放，花美色丽，不畏严寒，傲雪凌霜。有诗云"万花敢向雪中出，一树独先天下春"，被誉为花魁。梅花象征坚强勇敢、不屈不挠、自强不息的精神品质。花语为坚强、忠贞、高雅。

↓国色天香——牡丹

牡丹雍容华贵、富丽堂皇。有诗云"唯有牡丹真国色，花开时节动京城"，故有"国色天香"之美称。牡丹象征富贵平安、幸福吉祥。花语为圆满、吉祥、富贵。

↓凌霜绽放——菊花

菊花秋季开放，不畏严寒，历经风霜。有诗云"耐寒唯有东篱菊，金粟初开晓更清"。菊花象征高风亮节、有顽强的生命力。花语为清净、高洁。

↓百花仙子——月季

月季花朵娇艳、热情如火，从5月至11月，月月开花。有诗云"只道花无十日红，此花无日不春风"，故有"百花仙子"之美称。月季象征幸福、光荣、美艳常新。花语为幸福、希望。

↓凌波仙子——水仙

水仙叶片清秀，花朵淡雅，清香馥郁。有诗云"凌波仙子生尘袜，水上轻盈步微月"，因此有"凌波仙子"之美称。水仙代表纯洁、吉祥、团圆。花语为纯洁、团圆。

↓金秋骄子——桂花

桂花花朵虽小巧玲珑，但花香浓郁。有诗云"桂子月中落，天香云外飘"。桂花于国庆前后开花，故有"金秋骄子，十里飘香"之美誉。桂花花语为吉祥如意、永伴佳人、誉满天下。

↓出水芙蓉——荷花

荷花亭亭玉立，花大色艳，清香远溢。荷花"出淤泥而不染，濯清涟而不妖"，象征清白、纯洁、谦虚。花语为纯洁、忠贞、自由脱俗。

↓ 花中西施——杜鹃

杜鹃枝繁叶茂，姹紫嫣红。白居易赞曰"闲折二枝持在手，细看不似人间有，花中此物是西施，鞭蓉芍药皆嫫母"，故有"花中西施"之美称。杜鹃花的花语是永远属于你、爱的喜悦。

↓ 花中娇客——山茶花

山茶花花朵娇艳，端庄高雅，故有"花中娇客"之美称。山茶花于冬春之际开花，有诗云"独放早春枝，与梅战风雪"。山茶花的花语是理想的爱和谦让。

第四章

分门别类谈花卉

在庞大的植物王国里，花卉的形态各异，有身材高大的海棠树，有腰肢苗条的虞美人，有胖乎乎的多肉植物……为了更清楚地了解它们，我们将花卉分门别类。

→按形态特征分类←

睡莲

↓草本花卉

一般植株不太高大，具有草质茎，包括一二年生的草花、球根花卉、水生花卉和岩生花卉等。如龙翅海棠、角堇、矮牵牛、雏菊、睡莲、黄晶菊等。

牡丹

↓木本花卉

一般植株比较高大，最主要的特征是茎木质化。如月季、杜鹃、变叶木、桃花、牡丹等。

彩麒麟

↓多肉花卉

一般原产沙漠地区，为了适应长期干燥的自然环境，茎部变得粗大，叶变为刺状或叶片肥厚，根系发达，具有很强的抗旱能力。如金琥、绯牡丹、生石花、彩麒麟、黄瓜掌等。

→按观赏部位分类←

↓观花类

以观赏花朵为主，花朵一般美丽鲜艳，有些花卉的花朵形状也很奇特别致。如仙客来的花朵像小兔子的耳朵，鹤望兰的花朵像一只只快乐的小鸟，蝴蝶兰的花朵犹如翩翩飞舞的彩蝶，三色堇的花朵似淘气的小猫，蒲包花的花朵像可爱的小荷包，马蹄莲的花朵形似小马的蹄子，郁金香的花朵像精致的水杯……

百合

羽扇豆

↓观叶类

也叫观叶类植物，一般叶色鲜艳，叶片形状奇特，花朵不鲜艳，以观叶为主。如变叶木的叶片绚丽多彩，箭羽竹芋的叶子像一把把锋利的宝剑，龟背竹的叶子犹如乌龟的贝壳，鹿角蕨的叶片像小鹿的角，羽扇豆的叶片像绿色的花朵……

佛手

海芋

↓ 观果类

一般果实形状奇特、颜色鲜艳，挂果时间长，给人带来丰收的喜悦。如红艳艳的石榴、黄澄澄的佛手、硕果累累的五指茄等。

↓ 观茎类

观茎植物有的茎干粗壮，有的茎干奇特，有极高的观赏价值。如酒瓶兰、富贵竹、海芋、沙漠玫瑰等。

→按开花季节分类←

↓ 春季花卉

一般3～5月开花。一般草花秋季播种，春季开花，如金盏菊、三色堇、矮牵牛、虞美人、天竺葵、长春花等。春季开花的木本花卉有桃花、迎春、连翘、海棠、梨花、玉兰等。

桃花

萱草

↓夏季花卉

一般 6～8 月开花，有凤仙花、茉莉、蜀葵、萱草、金鸡花、太阳花、美人蕉、霞草、石榴、荷花等。

↓秋季花卉

一般 9～11 月开花，如菊花、桂花等。一般草花春季播种，秋季开花，如孔雀草、翠菊、千日红、百日草等。

百日草

仙客来

↓冬季花卉

一般 12 月至翌年 2 月开花，如梅花。许多温室内培育的花卉可冬季开花，如蟹爪兰、仙客来、水仙、君子兰、蝴蝶兰等。

→按花卉对光照的要求分类←

↓喜阳花卉

喜欢阳光照射，不耐阴。原产地在热带及温带平原上，也有一些生活在阳面岩石及高原南坡上。如果阳光不足，花卉的枝叶就会徒长，叶色变淡发黄，花色不鲜艳，而且易遭小虫子侵害。家庭盆栽最好摆放在朝南的窗台上。多肉植物都很喜欢阳光，如虎尾兰、芦荟、莲花掌、龙舌掌、龙舌兰、仙人球等。

金盏菊

有些一二年生的草本花卉，如三色堇、金盏菊、美女樱、串红等也属于喜阳花卉。水生花卉如荷花、睡莲、王莲也很喜欢光照。

↓喜阴花卉

鸟巢蕨

生长期需要弱光和散射光，不能忍受强烈的直射光，具有很强的耐阴能力，而冬季早晚也要让它多晒晒太阳，以提高植株的抵抗力。喜阴花卉原产于在热带雨林、树林下及阴坡上，在高温季节大都处于半休眠状态，家庭盆栽可摆放在朝北的窗台。喜阴的花卉有鸟巢蕨、鹿角蕨、铁线蕨等蕨类植物和白掌、绿萝、海芋、冷水花、富贵竹、旱伞草等。

莺歌凤梨

↓喜半阴花卉

对光照的要求不是很严格，一般喜欢阳光充足，在微阴的环境下也能良好生长。家庭盆栽可摆放在朝东的窗台。喜半阴花卉包括一些室内观叶植物，如吊兰、文竹、花叶芋、变叶木、袖珍椰子等；四季海棠、龙翅海棠等海棠科植物；凤梨科的一些植物。

→按花卉对日照时间的要求分类←

↓长日照花卉

每天的日照时间需要在 12 小时以上，花芽才能形成。长日照花卉有凤仙花、紫罗兰、绣球花、牵牛花、翠菊等。一般夏季开花，原产地在温带。

垂钓牵牛

↓短日照花卉

每天日照时间必须少于 12 小时，花芽才能分化，当日照时间超过 12 小时，就会推迟开花。短日照花卉有蟹爪兰、一品红、菊花、串红等。一般原产地在热带和亚热带。

菊花

↓ 中日照花卉

每天对日照时间的长短并不敏感，不论是长日照或短日照，都会正常现蕾开花。中日照花卉有月季、天竺葵、马蹄莲、四季海棠等，只要温度合适，一年四季均可开花。

马蹄莲

→按花卉对温度的要求分类←

↓ 耐寒花卉

耐寒花卉抗寒能力很强，在很冷的地区也能露地越冬，一般能耐 0℃ 左右的温度，有的甚至能忍耐 -8℃～ -5℃ 的低温，一般原产地在温带及寒带。一般二年生的草花耐寒力较强，有三色堇、紫罗兰、金盏菊等，这些花卉虽然冬季生长

郁金香

缓慢，但仍会保持顽强的生命力，第二年春天会继续生长、开花。有些宿根花卉耐寒力很强，如菊花、鸢尾、月季、玉簪等，花谢后宿根苗能够越冬，第二年春天又会长出绿叶。一些球根花卉耐寒力较强，但不耐高温，夏季高温会进入休眠状态，如郁金香、文殊兰、马蹄莲、水仙等。

↓半耐寒花卉

耐寒力稍差，在北方冬季需要防寒保护才能越冬，如雏菊、花毛茛、鹤望兰等。

花毛茛

↓不耐寒花卉

原产地一般在热带及亚热带，生长期需要较高的温度，不能忍受0℃～5℃以下的低温，如果环境温度过低，就会停止生长或被冻死，北方的冬季一般放在有暖气的室内或温室里养护。不耐寒花卉有仙客来、变叶木、紫罗兰、蝴蝶兰等。

蝴蝶兰

→按花卉对水分的需求分类←

↓喜旱花卉

具有很强的耐旱力，即使空气和土壤长期干燥，也能顽强生活。一般原产地在沙漠地区，为了适应沙漠的干旱环境，叶片变小或退化成刺，这样可以减少水分的蒸发。养护这类花

仙人球

卉，一定要少浇水，做到"宁干勿湿"，水浇多了，植株根系就会腐烂。喜旱花卉有仙人掌、芦荟、仙人球、虎刺梅等多肉植物和一些叶片肥厚的花卉。

↓喜湿花卉

生长期需要大量的水分，耐旱性很差，原产地在热带沼泽地或阴湿的森林中。种植这类花卉应掌握"宁湿勿干"的浇水原则，但盆内不能积水。喜湿花卉有热带兰科植物、蕨类和凤梨科植物，还有荷花、睡莲等水生花卉。

凤梨

耧斗菜

↓中性花卉

对水分的需求介于以上两者之间。大多数宿根花卉，根系发达，能深入地下，耐旱力稍强。一二年生草花与宿根花卉相比，根系不如宿根花卉强大，耐旱力稍弱。

第五章

花卉养护与繁殖

　　爱花的人惜花护花养花，花卉就像我们的"宝宝"一样，你只要耐心呵护它，它就会开出娇艳的花朵，给你以美的回报。但我们的耐心呵护不能盲目，要根据花卉的习性，科学浇水，施肥，选择适合的栽培土壤，花卉才能茁壮成长。如何做一个快乐的护花使者？这一章将告诉你一些花卉栽培的基本知识，希望对你养花有所帮助。

→花卉的外衣——花盆←

家庭养花最好选择透水、透气性好，轻便，不易破碎的花盆。

🌸 瓦盆：价格便宜，透气性好，对花卉根系的呼吸和生长都有好处，是家庭盆花栽培的首选。缺点是不太美观，样式比较少，易破碎。

🌸 紫砂盆：美观大方，装饰精美，透气排水性好，只是价格偏高。

宜栽兰花、君子兰、树桩盆景等高档花卉。

🌸 瓷盆、釉盆：外表美观高雅，外形多样。缺点是透气性差，花盆比较重，适合做花木的套盆。

🌸 塑料盆：重量轻，不怕摔，价格便宜，缺点是透气性差。适合种耐湿的花木，如旱伞草、吊兰、蕨类植物等。

→花卉的温床——土壤←

土壤和水分一样，可分为酸性、中性和碱性，大多数花卉都喜欢在疏松、肥沃、微酸性的土壤里生活。常用的花卉栽培土壤有以下几种。

🌸 园土：园土是指菜园、果园等地表层的土壤。常与其他土壤混合使用，可栽培月季、石榴及一般草花。

🌸 腐叶土：腐叶土是由落叶、枯草等长期堆积腐烂发酵而成的，和其他土壤混用，能改良土壤，提高土壤肥力。兰花、杜鹃等喜酸的南方花卉可直接用腐叶土栽培。

🌸 泥炭土：泥炭土是在缺氧的情况下，水生植物残体长期积累形成的泥炭层。泥炭土含有丰富的有机质，一般呈酸性或微酸性。

🐝 河沙：河沙多取自河滩。排水性能好，没有肥力，多与其他培养土混合使用，有利于排水。

🐝 砻糠灰：砻糠灰是由稻谷壳燃烧后而成的灰，略偏碱性，含钾元素，排水透气性好，可以用来调节土壤的酸碱度。

🐝 蛭石、珍珠岩：蛭石是一种天然、无毒的矿物质，能使土壤变得疏松，具有透气性好、吸水力强等优点。珍珠岩和蛭石的功能差不多。

→怎样配制培养土←

🐝 播种用土：可用园土3份、腐叶土5份、河沙2份混合配制。

🐝 一般的草花：可用园土5份、腐叶土3份、河沙2份混合起来作为培养土。

🐝 木本花卉：可用腐叶土4份、园土5份、河沙1份再加少量的骨粉混合。

🐝 球根花卉：可用腐叶土5份、园土3份、河沙3份混合配制。

🐝 仙人掌及多肉植物：可用腐叶土1份、河沙1份混合。令箭荷花、昙花、蟹爪兰可用腐叶土2份、园土2份、河沙3份混合。

只有选择适合花卉生活的土壤，花卉才能开出娇艳的花朵。上述土壤一般可以在花卉市场买到，上盆时再加入少量腐熟的有机肥混合，效果会更好。

→花卉搬家了——换盆←

随着花卉植株的逐渐长大，我们需要将花卉由小盆移到较大的盆内，这个过程叫作换盆。一般小盆花卉1～2年就要换盆一次，大盆花卉宜3～4年换盆一次，每次要换大一号的盆。

换盆一般在春季进行，换盆后浇透水，放在阴凉处，不可暴晒，要经常向叶面喷水。在此期间，花卉不能施肥，一周后逐渐移回阳光下管理。

→花卉的"美容"——整形修剪←

花卉在生长过程需要修枝剪叶，使株型丰满、造型美丽。修剪要选择适宜的时间，一般在休眠期和生长期都可以进行修剪，不同的花卉应根据它们的习性确定修剪时间。

↓花卉修剪的时间

🐝 早春先开花后长叶的花卉，花芽都生在二年生枝上，一定要在花后修剪，修剪应在花后10天左右进行。

如连翘、迎春等花卉。

🐝 夏秋季开花的花卉，它们的花芽都生在当年生的枝条上，可在发芽前的休眠期进行修剪。如月季、紫薇等花卉。

🐝 耐寒性强的花卉，可在晚秋和初冬进行修剪，不宜过早修剪，以免诱发秋梢，不利于来年开花结果。

🐝 不耐寒的花卉，应在尚未萌芽前进行修剪。

🐝 观叶的花卉，可在休眠期修剪。

↓ 花卉修剪的方法

❀ 摘心或剪梢：摘除主茎和侧枝的顶芽，枝条柔嫩的花卉用手指摘去嫩梢，称为摘心。枝条已硬化需要用剪刀的，称为剪梢。目的是使植株矮化，株型丰满，开花整齐。需摘心的花卉有串红、天竺葵、倒挂金钟、金鱼草等。

❀ 抹芽：是将花卉的腋芽或花蕾抹去，目的是为集中养分，促使主干健壮，花朵大而美丽。如菊花、牡丹等。

❀ 修枝：一般常将枯枝、病虫枝、纤细枝、平行枝、徒长枝、密生枝等剪除掉，目的是为了调整株型，利于通风透光。修枝分为重剪和轻剪。重剪是从枝条基部剪除或减去枝条的三分之二，轻剪是剪去枝条的三分之一。植物休眠期一般用重剪，生长期一般用轻剪。

❀ 剪除残花：不需要留种的花卉，花谢后及时摘掉残花，剪去花葶，以节省养分，促使下一批花芽分化。

❀ 摘叶：植株在生长过程中，适当剪除部分叶片，可减少水分蒸发，使株型整齐美观。

❀ 剪根：剪根多在移植、换盆时进行。将损伤根、衰老根、死根剪除，促使更多的新根萌发。

↓ 花卉整形的形式

❀ 单干式：一株一本，一本一花。如独本菊、单干大丽花等。

❀ 多干式：一株多本，每本一花或多花。如牡丹、芍药、海棠、石榴等。

❀ 丛生式：有多个丛株长出。如棕竹、南天竹、散尾葵等。

❀ 悬挂式：当主干生长到一定的高度，将其牵引到某一方向再悬挂下来。如悬崖菊、常春藤等。

❀ 攀援式：利用藤本花卉攀援的特性，使其附在墙壁或缠在篱笆、支架上生长。如牵牛花、绿萝、凌霄等。

→花卉生命的源泉——水分←

水是花卉生命活动的源泉，花卉的生长发育、光合作用、呼吸、蒸腾作用都需要水分。对于家庭养花来说，浇水是最经常、最主要的管理工作。

↓ 如何浇水更有利于花卉的生长？

❀ 一般盆花浇水以雨水为好，用自来水则要贮存一段时间，待水中的氯气挥发后再使用；淘米水、鱼缸中换下的废水，含有丰富的营养物质，很适合浇花。

❀ 对于茶花、兰花、君子兰、杜鹃等要求酸性土壤的花卉，可以在水中放入少量的硫酸亚铁，使水质呈酸性，如果长期用碱性水浇花，会使盆土变成碱性，导致植株生长不良。

❀ 浇花要求土温与水温接近，最好将水在太阳下晾晒一天再用。一般冬季浇水在上午10点以后，夏季最好在清晨8点前和下午5点以后。

❀ 花卉浇水量可掌握以下方法：天热多浇水，天冷少浇水；晴天多浇水，阴天少浇水；夏季多浇水，冬季少浇水；喜湿花卉多浇水，喜旱花卉少浇水；生长旺盛期多浇水，休眠期少浇水；孕蕾期多浇水，开花期少浇水；草本花卉多浇水，木本花卉少浇水。

❀ 无论哪种盆栽花卉浇水都必须掌握一条原则："见干见湿，浇则浇透"，就是盆土干时再浇水，水从盆底流出，说明浇透了，如果盆土上湿下干，时间一长，根系因缺水而导致植株萎蔫，对花卉生长不利。

❀ 对于喜湿的花卉，如果环境干燥，可向植株和地面喷些水，来增加空气湿度。

↓不同生长时期，花卉对水分的要求有哪些？

❀ 种子发芽时，需要较多的水分，只有种皮一直保持湿润状态，小胚根才好钻出来。

❀ 幼苗期，根系弱小，抗旱力弱，必须经常保持土壤湿润，才有利于植株生长。

❀ 花卉进入了生长旺盛期，抗旱能力较强，需适量浇水，水分不可过多，水分过多植株就会徒长。

❀ 花卉开花时，要求空气湿度小些，空气湿度太大，授粉作用会减弱，影响结果。

❀ 种子成熟时，要求环境空气干燥，水分过量会造成种子发育不良。

→花卉的营养——肥料←

↓肥料的种类

❀ 有机肥料：是天然有机质经微生物分解或发酵而成的一类肥料，也叫农家肥，是人或家禽的粪便、豆饼、麻酱残渣等废弃物发酵而成的。

❀ 无机肥料：也叫化学肥料，大多数要经过化学工业生产获得，常见的有氮肥、磷肥、钾肥、钙肥和复合肥等。

❀ 氮肥：能促进花卉叶片的生长，让叶片变得更绿，花朵更大，种子变得饱满。一般花卉的幼苗期或观叶植物对氮肥的需求较大。常见的氮肥有尿素、硝酸铵、碳酸铵、硫酸铵等。

❀ 磷肥：能促进种子发芽，使花卉提前开花结果，也能促进根系生长，提高植株的抵抗力。常见的磷肥有磷矿粉、钙镁磷肥、过磷酸钙等。

❀ 钾肥：能促进叶片进行光合作用，使花朵鲜艳，还能使植株长得更加健壮，从而增强花卉的抗寒力和抵抗病虫害的能力。常见的钾肥有稻草灰、草木灰、氯化钾、硫酸钾、硝酸钾等。

↓ 如何给花卉施肥?

🌸 基肥:也叫底肥。在育苗和换盆时,将腐熟好的肥料按照一定比例混入土壤中,以供花卉生长需要。基肥可以自制,如腐熟的鸡粪、饼肥、骨粉等,效果都非常好。肥料一定要腐熟后才能使用,未腐熟的肥料容易把根系烧伤。一般花卉上盆或换盆时,都要施基肥。

🌸 追肥:花卉经过一段时间的生长,基肥不能再为植株提供足够的营养了,就要根据花卉不同生长时期的需要,有选择地补充各种肥料。

🌸 叶面施肥:是将肥料稀释到一定比例后,用喷雾器直接喷施在植株的叶面上,靠叶片来吸收。追肥和叶面施肥时,要在盆土干燥时进行,此时的植株吸收效果最好。

↓ 施肥应注意哪些问题?

🌸 花卉的生长旺盛期可施氮、磷、钾肥,开花前追施磷、钾肥,观叶植物施氮肥多一些,观果、观花植物施磷、钾肥多一些。

🌸 植株生长瘦弱时,可多施肥,发芽前、孕蕾前多施肥,开花时少施肥,花后多施肥。冬季室内温度太低,夏季高温,有些花卉处于休眠状态,一般不用施肥。新栽的花卉不施肥。

🌸 施肥时,不要把肥料弄到根茎或叶片上,如果弄到叶片上,要及时用水冲掉。

🌸 肥料一定要稀释,记住"薄肥勤施",忌施浓肥,浓肥会引起花卉细胞液外渗而死亡。忌坐肥:盆花施基肥后,要先覆盖一层薄土,然后种花,忌根系直接坐在肥料上。忌热肥:夏季中午土温高,不要施肥,追肥伤根。

→播种繁殖←

↓种子的采收

花卉种子的采收很重要。种子成熟时，花瓣干枯，种粒坚实而富有光泽，这时要及时采收。一般的草花在同一株上，应选择开花早所结的种子，以生在主枝上的种子最好。干果类花卉种子，在果实即将开裂时采收为好。肉质类花卉种子，则应该在果皮变色变软的时候采收。鳞茎、球茎、地下根状茎类花卉，应该在霜降前从土壤中挖出。对于少数容易爆裂飞散的种子，如凤仙花，可在其成熟前套上纱袋，让种子成熟后自然落入袋中。

↓种子的储藏

花卉的种子一般采用干藏、沙藏、水藏三种储藏方法。

🌺 干藏：大多数花卉种子及干果类、肉质类的花卉，一般采用干藏方法。晒干种子后，除掉杂质，装进纱布缝制的袋内，然后把种子袋挂在室内阴凉、通风的地方，温度最好在8℃左右。

🌺 沙藏：鳞茎、球茎、地下根状茎类花卉种子一般采用沙藏法。为了防止霉烂，覆盖的沙子不要太潮湿，温度保持在8℃左右即可。

🌺 水藏：有些种子在采收后需要泡在水中，水温一般保持在5℃左右，能够保证其发芽率。如王莲、睡莲的种子。

↓种子的消毒方法

在播种前给种子进行消毒处理，可以杀死种子上的细菌，能够提高发芽率。种子消毒的方法主要有如下几种。

🌺 热水浸泡法：用50℃左右的温水浸泡种子，一般需要15分钟，通常大粒的种子用这种方法。

🌺 高锰酸钾溶液浸泡法：把种子放入0.5%的高锰酸钾溶液中浸泡2小

时，然后再用清水冲洗种子。已经长出胚根的种子不适合使用这种方法。

↓ 种子的催芽方法

在种子播种前，可以把种子浸泡在冷水中24小时或在40℃的温水中浸泡12小时，然后把种子捞出，放入湿纱布里，待其发芽后再进行播种。对于种皮较坚硬、不容易吸水和发芽的种子，可以采用挫伤法处理（即用刀或沙粒把种皮挫伤或刻伤），以便种子吸水发芽。

↓ 花卉的播种时间

🌸 春播：一些露地一年生花卉，多在春季播种，南方2月下旬到3月上旬播种，北方在4月中旬播种。一般春季播种，秋季开花。

🌸 秋播：二年生花卉一般在秋季播种，气温降到30℃以下后即可播种。南方播种时间在9月下旬到10月上旬，北方在8月下旬到9月上旬。

种子成熟后马上播种最好。耐寒的宿根花卉可以在春、夏、秋随时播种，不耐寒的花卉宜在春季播种。

↓ 土壤消毒

为了消除土壤中的有害细菌，一般在育种前要给土壤进行消毒，可在太阳下暴晒或用甲醛、高锰酸钾等药水稀释后对其进行消毒。

🌸 一般种子多用撒播法，即将种子均匀地撒播在土上，不可过密，覆土厚度为种子厚度的2～3倍。大粒花种子可以用点播法，一般每穴播种2粒，覆土不要太厚。

🌸 播种后用细孔喷壶把盆土喷湿，盖上保鲜膜或报纸，减少水分的蒸发。多数花卉种子发芽前都不需要光照，所以播种后需要适当遮光，但少数花卉，比如彩叶草、大岩桐、凤仙花、秋海棠等花卉种子需要光照，播后不宜遮光。出苗前适量浇水，保持土壤湿润，最好用浸盆法浇水，等到种子发芽时，便可除去塑料薄膜等覆盖物。

🌸 种子出苗后，要根据花卉的喜光性，适当提供光照，逐渐减少水分的供应，促使根系往深处生长。如果出苗拥挤，可以拔掉部分花苗，以便使剩下的幼苗苗壮成长，等幼苗长出3片以上真叶，就可以移植或上盆了。

→分生繁殖←

分生繁殖是将植物体分生出来的幼体与母株分离或分割，另行栽植而成新的植株，包括分株，分生鳞茎、球茎、根茎等。不同的花卉分生繁殖的时间不同，一般春季开花的宜在秋季分株，秋季开花的宜在春季分株。分生繁殖具有能保持品种原有性状、操作容易、方法简单、繁殖快等优点。

一般适用于宿根花卉，如竹芋、散尾葵、棕竹等花卉可用分株法繁殖。有些植物下部自然长出的幼小植株可随时分离出来栽植，如吊兰匍匐茎上产生的小植株，石莲花基部生出的吸芽。一些球根花卉如郁金香、大丽花、美人蕉、水仙等花卉可用分生球茎法繁殖。

→扦插繁殖←

扦插是利用植物营养器官的再生能力，切取根、茎、叶的一部分，插入不同的生根基质中，使之生根发芽而长成新植株的方法。扦插繁殖适用于不易结种、品种容易变异退化的花卉。扦插繁殖操作简单、成活率高、不受季节控制，被人们广泛应用。根据植株扦插截取的位置不同，可分为叶片扦插、枝条扦插和根插。

↓叶片扦插

叶片插入基质能长出不定根和不定芽的花卉种类，可用叶片扦插繁殖。叶片扦插一般选发育充实的叶片，能叶片扦插的花卉大多叶柄、叶脉粗壮。叶片扦插春、夏、秋季均可进行。

🐝 平置法：剪取发育充实的叶子，剪去叶柄和叶缘薄嫩部分，以减少蒸发，在叶脉交叉处用刀切割，再将叶片平铺在基质（草炭：沙=1∶1）上，使叶片紧贴基质，如秋海棠类、落地生根等花卉可用此法。

🐝 直插法：可将叶片剪下来，再横切成数段，插于湿润的沙中，插时原来上、下的方向不要颠倒，如虎尾兰。也可将叶片剪下，叶柄插入沙中，叶片立在沙面上，叶柄基部可产生不定芽，如大岩桐、豆瓣绿等花卉可用此法。

↓枝条扦插

🐝 嫩枝扦插：大部分草本花卉及部分木本花卉，多采用嫩枝扦插繁殖，在温室内全年均可进行。

🐝 硬枝扦插：多用于园林树木育苗。

↓根插

有些宿根花卉能从根上产生不定芽形成新的植株，可用根插繁殖，如腊梅、福禄考、凌霄、荷包牡丹等花卉。根插的花卉大多有粗壮的根，较粗较长的根营养物质丰富，易成活。晚秋和早春均可根插，温室里冬季也可以根插。

第六章

病虫简易防护术

→花卉的叶片上有"白霜"←

↓发病症状

本病为白粉病。发病植株在叶片、嫩梢上布满白色粉层，发病严重时病叶皱缩不平，叶片向外卷曲，叶片枯死早落，嫩梢向下弯曲或枯死。

↓防治方法

加强环境通风，少施氮肥，加强光照，植株发芽前可将发病枝、叶和芽剪去，立即烧毁，减少传染源。发病初期可用70%甲基托布津1000倍液，每15天喷药一次。家庭养花可用小苏打500倍液，每隔5天喷施一次，连喷5～6次。

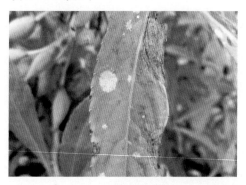

→花卉的叶片上长了"小雀斑"←

↓发病症状

本病为叶斑病，是很多花卉常见的多发病，其主要症状为病斑圆形或不规则形，外有红褐色边线，中央灰褐色。

↓防治方法

加强环境通风，剪除病叶集中销毁。发病初期用65%代森锌600倍液或50%多菌灵800倍液，每10天喷一次，连喷2～3次。

→花卉的叶片"发霉了"←

↓发病症状

本病为灰霉病，是花卉最常见的病害之一。该病为害叶片、花、花梗、叶柄及嫩茎，也为害果实，使叶片、花腐烂，嫩茎折断。灰霉菌侵害叶片，往往在叶缘或叶尖处出现暗绿色水渍状斑（像开水烫伤的样子），湿度大时造成褐色腐烂，其上长满灰色霉状物。湿度变小时，发病部位变成褐色、浅褐色、枯黄色等干枯状。

↓防治方法

定植时施足底肥，花卉生长健壮可增强抵抗力。注意通风透光，降低湿度，加强通风。盆花避免放置过密，浇水施肥不宜过多，浇水最好从花盆边缘注入，以免叶面湿度大而促使发病。发病前和发病初期，用1∶200波尔多液喷洒，每2周一次。发病后及时剪除病叶，可用50%多菌灵或65%代森锌可湿性粉剂800倍液，每隔10天喷一次。用药时间最好在上午9时以后，高温和阴雨天气避免用药。

→如何赶走那些小害虫？←

↓蚜虫

蚜虫又称腻虫，体小而软，大小如针头，青黄色，为刺吸式口器。吸食植物汁液，造成嫩叶卷曲皱缩，叶、芽畸形。成群在嫩茎、顶芽、叶片、花蕾等部位聚集，严重时引起枝叶枯萎甚至整株死亡。

结合修剪，将虫卵潜伏过的残花、病枯枝叶彻底清除，集中烧毁。发现少量蚜虫时，可用毛笔蘸水刷净，或将盆花倾斜放于自来水下旋转冲洗叶片。

发现大量蚜虫时，应及时隔离，并立即选用药物或土法消灭虫害。家庭养花可用香烟头5g，稍加揉碎，加水80g，浸泡一天，用纱布滤去残渣，喷洒病株。也可用40%氧化乐果乳剂3000倍液或马拉硫磺乳剂1200倍液喷施。

↓白粉虱

白粉虱俗称小白蛾，用口器吸食植物汁液，使受害叶片褪绿变黄，萎蔫死亡，并能传播病毒病。主要为害绣球、月季、扶桑、金橘、倒挂金钟、茉莉等。

少量白粉虱为害，可用毛笔沾500倍洗衣粉液刷洗叶背面或喷洒叶面、叶背，能杀死成虫和若虫。也可用2.5%敌杀死2000倍液喷雾，有较好的防治效果。

↓红蜘蛛

红蜘蛛也叫叶蛮，在叶子背面吸取

汁液，受害叶片发黄，出现许多小白点，不久枯黄脱落。常为害杜鹃、串红、代代花、金橘、月季等。

平时应注意观察，个别叶片受害，可摘除带虫病叶。较多叶片发病时，应及时喷药。家庭养花可用喷雾器，在400mL水中，加入克螨特4滴或三氯杀螨醇8滴，加药后摇匀喷洒，喷药要均匀，尤其要注意喷好叶背。喷药时，最好将盆花移到室外进行，若在室内喷药，切勿接近食物、用具。

→不用农药巧防病←

家庭养花出现了病虫害，如果使用农药防治，效果虽然好，但会造成环境污染，对人的健康不利。其实家庭养花不用农药也能起到防病治病的疗效，下面介绍几种简单的花卉防病方法。

↓食醋法

将食醋稀释300倍，喷施叶面，可防治白粉病、霜霉病、黑斑病、黄化病等。食醋加水4～8倍，可防治介壳虫，3天喷一次，连续喷施3次。

↓风油精法

风油精加水稀释300倍，可防治蚜虫、红蜘蛛、白粉虱、介壳虫。

↓花椒水法

花椒50g，加水0.5L，煮半小时，

晾凉后，将其汁液喷洒有病植株，可杀死蚜虫、介壳虫、白粉虱等。

↓生姜水法

生姜捣烂，取汁加水 20 倍稀释，喷洒有病植株，可防治腐烂病、煤烟病。

↓大蒜液法

取大蒜 2 头捣烂，加水 2L 搅拌，浸泡半天，取上清液，喷洒有病植株，可杀灭病菌，也可防治蚜虫、红蜘蛛及介壳虫等害虫。

↓洗衣粉法

洗衣粉对害虫具有强烈的触杀作用，其溶液可以溶解害虫体表的蜡质层而渗入虫体内，并能堵塞害虫体表气孔，使之窒息而死。用洗衣粉 5g，加水 1L，搅拌，可防治红蜘蛛、粉虱、介壳虫、蚜虫。

↓大葱液法

用大葱 50g 切碎，加水 1200g，浸泡 24 小时并过滤后，用汁液喷洒，可防治蚜虫、白粉病。

↓黄板诱杀法

用透明宽胶带，胶面朝外固定在黄色的纸板或木板上，挂在受害植株附近，可诱杀白粉虱成虫，还可兼杀有翅蚜虫。粘满后另换胶带。

提示：尽量不要滥用蚊蝇烟雾剂。因为有些花很敏感，喷洒出的药液浓度都很高，叶片、茎尖生长点、花和块根遇到很容易出现腐烂坏死的症状。

第七章

常见花卉的养护

→美丽迷人的观花植物←

杜 鹃

科属：杜鹃花科杜鹃属
别名：映山红、满山红
原产地：中国
花期：4～5月
花语：永远属于你，爱的喜悦
易种指数：★★★

杜鹃是我国十大名花之一，被誉为"花中西施"。全世界有900多个品种，其中我国有530余种。杜鹃花分枝多，叶片长椭圆形，花漏斗状，花色艳丽，有粉红、洋红、淡紫色和红中带白等色。

❀ 养护技巧

光照： 杜鹃喜在温暖、通风、湿润、半阴的环境里生长。平时可以放在光线明亮处养护，夏天不要放在烈日下，冬季和开花前需增加光照。

温度： 杜鹃的最佳生长温度是12℃～24℃。如果低于6℃或高于30℃，其将停止生长，进入休眠状态。

水分： 杜鹃喜酸性土壤，可以在自来水中加少量的硫酸亚铁来调节酸碱度。冬季浇花最好将水存放1～2天，

水温与盆土温度接近为好。夏季天气炎热，杜鹃对水分需求更多，叶片需喷些水，以增加空气湿度。平时浇水要做到"随干随浇，浇则浇透"。

土壤：杜鹃喜肥沃疏松、富含腐殖质的黑山土。盆土可以选择园土4份、山土3份、腐叶土3份、沙土2份混合配制，每盆加50g腐熟的麻酱渣和骨粉。

肥料：3～5月是生长旺期，可以每半个月施一次腐熟的稀薄液肥。6～8月天气炎热，杜鹃生长缓慢，应停止施肥。9月下旬天气逐渐转凉，又进入秋季生长期，可以每隔20天施一次30%左右的含磷液肥。花期和冬季休眠期一般不用施肥。

修剪：每年花谢后，需进行一次修剪，剪除病虫枝、细弱枝、徒长枝、干枯枝、重叠枝，以加强植株的通风透光性。

换盆：最好在春季进行，1～2年生的植株宜用3寸盆，3～4年生的用4寸盆，每隔2～3年换盆一次，土壤可用前面讲的土壤配方。

❀ 繁殖方法

扦插法：北方一般在5月进行，首先选择一年生、没有病虫害的枝条作为插条，插条长度10cm左右，剪口离叶芽1cm以上，摘掉下部叶片，枝条顶端保留3～5片叶子，然后将枝条插在泥炭土和珍珠岩混匀的花盆里，扦插深度以枝条的1/3为好，扦插后浇透水，加盖塑料膜保湿，放在遮阴处。1个月内始终保持盆土湿润，如果有新叶长出，说明扦插成功，可以进行正常的养护管理了。

❀ 病虫害防治要点

褐斑病：杜鹃的叶片上产生许多黑色或灰褐色小点，受害叶片会变黄甚至脱落。如果发现病叶，要及时摘除并集中烧毁。可用50%的多菌灵600倍液，15天左右喷洒一次，连喷2～3次。此外，要注意通风见光，湿度不要过大。

红蜘蛛：夏季高温，红蜘蛛常为害杜鹃，可用40%乐果1500倍液喷杀，连喷3～4次。

❀ 温馨提示

黄杜鹃的植株和花内均含有毒素，如果误食就会中毒。

水仙花

科属：石蒜科水仙属
别名：玉玲珑
原产地：中国
花期：1～2月
花语：纯洁，团圆
易种指数：★★★★☆

　　我国水仙主要分布在东南沿海温暖、湿润的地区，其中漳州水仙最为有名。水仙的品种很多，有喇叭水仙、明星水仙、丁香水仙、仙客来水仙等。水仙的鳞茎很像洋葱，叶片带状，花朵像小喇叭。摆放在家中，既可增加空气湿度，又可愉悦身心。水仙花一般春节前后开放。

养护技巧

选购种球：一般选外形丰满充实、鳞茎皮完整、深褐色的种球。选择根没长出的种球，如果种球长了根，则选新根健壮而短的，长度不超过2cm。选扁圆形种球，因为扁圆形比正圆形的花苞要多。两个相近大小的种球，选分量重的。

水养：先冲洗掉种球根部的泥土，然后放在浅盘内，加一些小石子固定，加水淹没种球1/3处，放在阳光充足的地方，千万不要放在暖气或炉子旁。

刚上盆时，每天换一次水，以后每2～3天换一次水，花苞形成后，每周换一次水。用水栽培一般不需任何肥料，只用清水即可。如有条件，在开花期加少许速效磷肥。如果施肥，量一定要少，多了水仙就会被肥料烧死。

控制花期：水仙花期与室内温度有直接关系。如果光照充足，室内温度14℃左右，从浸泡到开花约需40天；室温20℃时，只需25天就能开花。要想延长花期，开花期间将水仙移到12℃左右的冷凉处，花期可维持1个月。

盆栽：首先把球茎上的干枯鳞茎片刮掉，剪去老根，然后种在疏松、肥沃的腐殖土里，浇透水，放在阴凉处缓苗，10天后水仙长出新根，再移到阳光下。开花前可以施一次稀薄的复合肥，浇水一定要等到盆土干透后再浇水，浇到盆土漏水为止。花谢后及时剪除花茎，继续培育，直到夏季停止施肥浇水。入秋后将球茎从盆中倒出，放在阴凉通风处，保持适当干燥，冬季重新上盆栽植。

🌸 病虫害防治要点

鳞茎球腐烂：水仙的根茎遭病菌的侵害，感病部位变成褐色或紫褐色，最后整个鳞茎腐烂，植株枯死。可在种植前用800倍的50%苯来特溶液浸泡种球20～30分钟。平时避免盆内积水，浇水做到"见干见湿"。

枯叶病：发病初期，水仙的叶片出现褪绿色黄斑，然后呈扇形扩展，周边有黄绿色晕圈，后期叶片干枯并出现黑色颗粒状物。可在栽植前剥去干枯鳞片，用稀释的高锰酸钾溶液冲洗2～3次。病发初期，可用50%托布津800倍液喷施。平时应避免高温多湿，加强通风。

🌸 温馨提示

水仙的鳞茎内含有拉可丁，误食会导致肠炎和呕吐。叶和花的汁液会使皮肤红肿。

四季海棠

科属：秋海棠科秋海棠属
别名：四季秋海棠
原产地：巴西
花期：春、秋季
花语：相思，诚恳
易种指数：★★★★★

四季海棠夏季叶色青绿，冬季叶呈暗红色，四季均可开花，秋季最旺。花有红、白、粉红等色，有单瓣和重瓣之分。四季海棠花期长，花色多，可用来点缀客厅、橱窗、书房，也可用来布置花坛、庭院。

养护技巧

光照：四季海棠对光照的适应性强。冬季要多见日光，否则生长柔弱。盆栽还需经常转动花盆，使光照均匀。夏季应放在阴凉的地方。

温度：四季海棠的生长适温为18℃～25℃。冬季不得低于6℃。夏季超过32℃，则茎叶生长较差。只要温度适宜，四季均可开花。

水分：生长期浇水要充足，保持盆土湿润，但不可过湿。春、夏季植株生长旺盛，除浇水外，还要经常向叶片及周围环境喷水。冬季应适当减少浇水量。

土壤：四季海棠喜肥沃、疏松和排水透气良好的土壤，要求 pH 值为 5.5～6.5。土壤可用泥炭土（或腐叶土）5 份、园土 3 份、河沙 2 份配成，并加入适量腐熟的厩肥或过磷酸钙等复合肥做基肥。

肥料：四季海棠生长期要加强肥水管理，每半个月追施稀薄的肥水 1 次，花芽形成期增施 1～2 次磷、钾肥。施肥应掌握"薄肥勤施"的原则。叶片淡绿色表明缺肥；叶片淡蓝色并卷曲，则说明氮肥过多，应减少施肥量或延长施肥间隔。施肥时要避免沾到叶片。

修剪：四季海棠株高 10cm 时应打顶摘心，促使侧枝生长。还要控制浇水，待新叶长出后，继续正常管理。

换盆：一般四季秋海棠做二年生栽培，二年后的植株需进行更新。每年春季需换盆，换盆时可加入肥沃、疏松的腐叶土。

繁殖方法

播种法：在春、秋季为宜。选当年种子播种。发芽适温为 18℃～24℃。播种土可用腐叶土和细沙配制，播后覆盖薄土。待长出 5～6 片叶子后可上盆。一般播种后 4～5 个月开花。

扦插法：一般在春、秋季进行。剪取长 10cm 的顶端健壮的插条做接穗，插于湿润的细沙或珍珠岩中，插穗的 1/3 插入基质中，保持较高的空气湿度。室温在 20℃～24℃，插后半个月左右生根。若用 0.005% 吲哚丁酸处理 2 秒钟，可促进插穗生根。

病虫害防治要点

白粉病：一旦感染此病，应及时摘除残枝、病叶集中烧毁，并加强通风透光，同时水和氮肥不能施用过多。发病初期可用 50% 的多菌灵粉剂 500 倍液防治。

根腐病：可喷洒 25% 的多菌灵 250 倍液预防。同时控制室温和浇水量，浇水做到"见干见湿"。

蚜虫、粉介壳、红蜘蛛：可用 40% 氧化乐果乳油 1000 倍液喷杀，同时加强环境通风，降低室内温度。

温馨提示

四季海棠含草酸，其根有活血化瘀、止血、清热的功能。茎叶有清热、消肿的作用。

金盏菊

科属：菊科金盏菊属

别名：金盏花

原产地：欧洲西部、地中海沿岸、
　　　　北非和西亚

花期：4～9月

花语：悲伤，妒忌，离别

易种指数：★★★★

　　金盏菊株高 30～60cm，全株被白色茸毛。叶片椭圆形，花大色艳，有金黄色、橘黄色等色。筒状花，有重瓣、卷瓣和深紫色花心等品种。金盏菊可用于布置花坛、花境。

✿ 养护技巧

光照： 金盏菊喜光照充足，怕炎热，春、夏、秋三季需要在遮阴的条件下养护。冬季气温低，在阳光下养护，有利于花芽分化、开花和结实。盆栽在室内养护 10 天，再移到室外树荫下养护 20 天，如此替换，有利于植株积累养分，可持续开花。

温度： 金盏菊喜温暖气候，怕酷热，生长适温为 16℃～26℃。夏季温度高于 35℃时生长不良。金盏菊较耐寒，冬季温度低于 4℃时，将休眠或死亡。

水分：应根据温度变化合理浇水，浇水掌握"见干见湿"的原则，盆土干时，浇透水。夏季浇水时间尽量安排在早晨温度较低的时候进行，还要经常给植株喷雾，以增加空气湿度，晚上保持叶片干燥。冬季浇水时间最好在晴天中午温度较高的时候进行。

土壤：金盏菊喜疏松、肥沃、微酸性的土壤，盆土可用腐叶土3份、园土5份、粗河沙2份加少量的有机肥混合配制。

肥料：生长期每20天施一次液肥，可用"卉友"20-20-20通用肥。施肥要求薄肥勤施、少量多次。

修剪：金盏菊幼苗长到4～5片叶子时，进行摘心，可促使侧枝发育，增加开花数量。在第一茬花谢之后立即抹头，也能促进侧枝再度开花。若不留种，应将凋谢的花朵及时剪除，有利于新化枝萌发，延长观花期。

繁殖方法

播种法：一般9月中下旬或早春温室播种，将种子浸泡在30℃的温水中，浸泡8小时，待种子吸水膨胀后再播种。

播种土最好消毒，用浸盆法浇透水后，将种子撒播在盆内，覆土2mm，盖上塑料薄膜。20℃左右，10天左右发芽。幼苗出土后，要及时把薄膜揭开，在每天上午的10点之前或在下午的3点之后让幼苗晒晒太阳。苗高约2cm时，需要间苗，把有病的、生长瘦弱的幼苗拔掉，使留下的幼苗有一定的空间。当幼苗长出3片以上的叶子时移栽上盆。

病虫害防治要点

白粉病可用70%的甲基托布津可湿性粉剂1500倍液喷施。锈病可用50%萎锈灵可湿性粉剂2000倍液喷洒。夏季遭受红蜘蛛和蚜虫为害时，可用40%氧化乐果乳油1000倍液喷杀。

温馨提示

金盏菊的花、叶有消炎、抗菌的作用。金盏菊花瓣泡水，具有清热、降火的功效，但孕妇不宜饮用。

仙客来

科属：报春花科仙客来属
别名：兔耳花
原产地：地中海沿岸东南部
花期：冬、春季
花语：优美，喜迎贵客
易种指数：★★★★

仙客来叶片优雅，花形别致，花期可长达数月，又逢元旦、春节开放，所以人们对它格外青睐。如果将其摆放在家中，定会给您的生活增添无限的情趣。

养护技巧

光照：仙客来喜凉爽、湿润、阳光充足的环境。北方 6～9 月气温高，可

放在阴凉通风处，避免阳光直射。10月至转年 4 月气温偏低，可让其多接受阳光照射。

温度：仙客来的生长适温为 18℃～20℃。室温低于 10℃，花色暗淡，花朵凋谢；气温 30℃以上，则将进入休眠状态；气温超过 35℃，球茎易腐烂甚至死亡。

水分：仙客来喜水但怕湿，盆土要保持湿润，但不能积水。如果室内空气比较干燥，要用小喷壶给叶片喷些水。气温超过 30℃，要少浇水，保持盆土稍微湿润即可。

土壤：仙客来喜疏松、肥沃、排水良好的微酸性沙质土壤。盆土可用腐叶土3份、园土2份、河沙1份混合配制，并加入腐熟的饼肥和骨粉做基肥。

肥料：11月至次年3月是仙客来的生长期，前期可用20-20-20通用肥，花期可用盆花专用肥15-15-20水溶性高效营养液，一般在花卉市场都可以买到。每半个月施肥一次，按说明使用即可。4～5月，每15天施一次1%的复合肥液。6～9月，温度超过30℃时，停止施肥。

繁殖方法

选种：最好在9月份播种，一般选当年采收的种子或去花卉市场购买。要选用种粒饱满、没有病虫害、无残缺的种子。

催芽：将选好的种子用凉水浸泡24小时，然后清洗掉种子表面的黏着物，把种子放在湿布里催芽，布要一直保持湿润状态，温度在25℃左右，放置1～2天，待种子稍有小萌动即播种。

播种：把腐叶土5份、园土3份、河沙1份混合，将混合土装入浅盘内，浇透水，再将发芽的种子播于盘中，种子之间的距离以3cm为宜，覆土厚度为0.5～1cm，用浸盆法浇水，盖上保鲜膜，放在背阴处。长出小苗后，去掉塑料膜。

上盆：当小苗长出3～5片叶子时，移入直径10cm的花盆中，盆土可改为腐叶土3份、园土2份、河沙1份，并加入腐熟的饼肥和骨粉做基肥。

病虫害防治要点

蚜虫：夏季高温，蚜虫常为害仙客来的叶片。蚜虫少量时，可用棉签涂抹掉，大量时，可用40%氧化乐果1500倍杀蚜虫。

灰霉病：症状为叶边缘出现黄白色水渍状小斑，最终叶片变成褐色或干枯。要及时清除病株、病叶。发病前喷施75%的百菌清800倍液，发病时喷施50%多菌灵600倍液。同时加强室内通风，减少浇水量，浇水时不要浇到叶片上。

温馨提示

仙客来是有毒的，它的毒素主要集中在根茎部位，如果误食会使人头晕呕吐，接触皮肤会引起皮肤过敏。

蝴蝶兰

科属：兰科蝴蝶兰属
别名：蝶兰
原产地：亚洲热带地区
花期：4～6月
花语：我爱你，幸福向你飞来
易种指数：★★★☆

蝴蝶兰叶片长镰刀形，翠绿色，有光泽。花色丰富，有纯白、淡紫、鹅黄、蔚蓝等颜色，花期可达1～2个月。蝴蝶兰的花朵极像美丽的蝴蝶，是热带兰中的珍品，被人们称为"兰中皇后"。

❀ 养护技巧

光照：家庭盆栽可放在室内明亮处，夏季避免阳光直射。秋、冬季节，早晚可增加光照，因为早晨的光线比较柔和。开花前多晒晒太阳，可促进开花。开花后，要减少光照，不然花色会变淡。

温度：蝴蝶兰的生长适温为16℃～28℃，冬季室温10℃以下，将停止生长，低于5℃会被冻死，越冬温度最好在15℃以上。室内气温低时应注意增温，但不要放在暖气片或炉子附近。夏季高于33℃时将进入半休眠状态。

水分：蝴蝶兰喜通风、湿润的环境。在日常的养护中，浇水做到"见干见湿"即可。栽培基质表面变干时浇一次透水，水温应与室温接近，自来水最好放置3天以上再用。如果室温低于15℃，应少浇水。若室内温度高、空气干燥，可用喷雾器直接向叶片和地面喷水，但不要把水喷到花朵上。

土壤：蝴蝶兰的根是气生根，不能用土栽种，常用的栽培介质主要有水苔、棕树皮、椰壳纤维等。如果用水苔栽培，最好每年更换一次水苔。

肥料：春季每隔10天施用一次稀薄的蝴蝶兰专用营养液。秋、冬季是花茎生长期，可半个月施一次稀薄的磷肥。有花蕾时不宜施肥，否则容易提早落蕾。花期过后，追施氮肥和钾肥。多次施肥后，要用大量清水冲洗盆内的基质，以免残留的无机盐危害根系。蝴蝶兰喜欢薄肥，排斥浓肥。

花后管理：蝴蝶兰一般在春节前后开花，当花枯萎后，要将凋谢的花剪去，这样可减少养分的消耗。如果想第二年再次开出好花，最好将花茎从基部剪下。一般5月份换盆，换上新的水苔，更有利于其生长。

❀ 繁殖方法

蝴蝶兰常用组培法繁殖后代，家庭很难自己繁殖。

❀ 病虫害防治要点

叶斑病：如果室内湿度过大，叶片上常出现小斑点，逐渐变成近圆形的病斑，病斑边缘有水渍状黄色圈。可用75%的百菌清可湿性粉剂800倍液喷洒，每10天喷一次，连喷3次。同时加强室内通风，降低空气湿度。

介壳虫：数量少时可用湿棉花或软刷刷除，数量多时用50%马拉硫磷1000倍喷施，每周一次，连续喷2～3次。

❀ 温馨提示

蝴蝶兰能吸收空气中的苯、甲醛等有害气体，释放出氧气，是美化和净化居室的高档花卉。

花毛茛

科属：毛茛科花毛茛属
别名：芹菜花
原产地：地中海沿岸
花期：4～5月
花语：受欢迎
易种指数：★★★★

花毛茛有纺锤形小块根，叶片翠绿，花色丰富，有白、黄、红、橙、紫等。花毛茛姿态秀美，花朵艳丽、高贵、典雅，是草花中的极品。

养护技巧

光照： 花毛茛喜半阴环境，夏季避免阳光直射，可放在树荫下养护，其他季节可适当增加光照。

温度： 花毛茛喜凉爽忌炎热，不耐严寒，适宜生长温度15℃～22℃，夏季高于30℃进入休眠状态，冬季温度不能低于5℃。

水分： 花毛茛喜湿润，怕积水和干旱。生长期间盆内不可缺水，但也不要过湿，同时要避免将水浇在叶片上。春季应保持盆土湿润，而花期土壤稍干燥为好。夏季休眠期最好将花盆放在凉爽通风处，保持盆土潮润。秋冬季节，应根据室内温度变化，合理浇水。

土壤： 盆栽要求富含腐殖质、疏松肥沃、通透性能强的沙质土，可用园土

2份、腐叶土与厩肥各1份混合做盆土。

肥料：生长期每10天施一次稀薄的液肥，随着植株的生长，可逐渐增加用量和浓度，施肥可灌溉进行。如果上盆时加了底肥，现蕾前后追施1～2次以磷、钾肥为主的稀薄液肥即可。

修剪：现蕾初期，每株选留3～5个健壮花蕾，将多余花蕾摘去。花后如果不需要留种，应及时剪除残花。

繁殖方法

分球法：家庭常用此法。一般9～10月分球。将花毛茛的块根从土中挖出，抖净上面的泥土，放在阴凉处1～2天，然后将块根顺根茎部位自然掰开，重新栽种。盆栽时，小盆栽1个球，大盆可栽2个球。栽前可用福尔马林将根茎消毒，栽后浇透水，放在阴凉处养护。温暖地区可在室外越冬，寒冷地区需在室内越冬。

播种法：多用于育种和大量繁殖。

病虫害防治要点

根腐病：如果土壤黏重、碱性大、排水性不好，花毛茛极易感染根腐病。发病植株根系腐烂，变为黑色或褐色，最后块根逐渐腐烂，地上茎叶逐渐萎蔫变黄，植株枯死。可在发病初期用50%苯来特可湿性粉剂1000倍液灌根。此外，要避免盆内积水，加强光照。

灰霉病：发病初期，植株下部叶片的叶缘出现暗褐色水渍状病斑，逐渐蔓延至叶柄、花梗及花，发病部位变成褐色或灰褐色，受害组织呈软腐状坏死。可在发病初期及时摘除病叶，用50%多菌灵可湿性粉剂800倍液喷洒，每10天一次，连喷2～3次。另外，要加强环境通风透光，避免湿度过大，少施氮肥，增施磷、钾肥。

温馨提示

花毛茛的块根虽然有毒，但做药用时，有消炎止痛、祛风除湿之效，具有一定的经济价值，块根用药一般不做内服。

火鹤花

科属：天南星科花烛属
别名：红掌
原产地：中美洲和南美洲
花期：2～7月
花语：快乐，幸福，美好
易种指数：★★★☆

火鹤花叶柄细长挺直，花苞红色，心形。一般春、夏季开花，花期长达2个月，如果温度、湿度适宜，可常年开花。火鹤花叶形俏丽，花色鲜艳，像一颗颗红心，装点在绿丛中，既可观叶，又可观花，还是插花的高级材料。

养护技巧

光照： 火鹤花虽喜阳光，但夏季忌强光直射，尤其是夏天中午不可放在阳台上。冬天可放在朝南的窗前，接受充足的阳光，以提高抗寒力。春、秋放在室内明亮处养护，有利于其生长。

温度： 火鹤花的生长适温为20℃～28℃，温度高于32℃生长缓慢。冬天室温最好保持在18℃以上，若低于10℃，则会发生冻害，叶片变黄或变黑。

水分： 火鹤花性喜湿润，相对湿度最好在60%以上。生长期应充分浇水，尤其是夏季更应充分浇水并进行叶面喷雾。但开花期喷水不能喷到花朵上，否则易烂花。秋末和冬季应控制浇水，做到盆土"见干见湿"。

肥料： 生长季每月应施1～2次含氮、磷、钾的稀薄肥水或腐熟的麻酱渣液肥，叶面施肥可用硫酸亚铁、磷酸二氢钾、尿素按1：1：3的比例配制，其浓度为0.2%～0.3%。用低浓度啤酒稀释在水中，进行叶面擦拭，叶片会更加亮泽。

土壤： 火鹤花宜用疏松、肥沃和排水良好的微酸性土壤栽培。最好每月施一次稀薄的矾肥水，以便保持土壤的微酸性。可用腐叶土、草炭土、河沙按3：2：1的比例混合，再加少量的过磷酸钙或骨粉做基肥。

换盆：每隔2～3年换一次盆，一般在早春结合分株繁殖进行，换盆时将老根及枯根剪去，并将基肥增施到新的培养土里。上盆时，土不要压得太紧，以免影响空气流通。盆底需垫上粗沙、瓦块儿等物，以利于排水。

🌸 繁殖方法

分株法：一般在4月份或花谢后进行。小心将萌蘖株从母株基部分割下来，每株最好带有根系和3个以上芽，才能良好生长，切口涂上草木灰以防腐烂，分别上盆种植。分株后放在温暖的地方，并保持盆土湿润。

扦插法：叶子不太茂盛的植株可用此法繁殖。先剪掉老茎上所有的叶子，注意不要触伤了芽眼。剪好的插穗直接插入基质（沙和草炭土按1：1的比例配制）中，保持基质湿润，温度控制在24℃左右，几周后就可长出新根和叶片。

🌸 病虫害防治要点

叶斑病：可用75%百菌清可湿性粉剂800倍液，也可用50%甲基托布津可湿性粉剂800倍液，每隔7～10天喷一次，共喷3～4次。同时注意加强通风，减少伤口感染，避免高温高湿。

虫害：介壳虫少量时，可剪除叶片。孵化期可喷20%杀灭菊酯1800倍液，每隔10～15天喷一次。也可将少许洗衣粉溶解在水中，用软布轻擦叶面、叶背，擦掉后再用清水擦一遍，避免洗衣粉残留在叶片上。蚜虫可用80%敌敌畏乳油1200倍液防治。

🌸 温馨提示

　　火鹤花的花有轻微的毒性，不误食就不会有危害。它的毒主要来自于汁液，每次修剪枝叶后要洗手。

耧斗菜

科属：毛茛科耧斗菜属
别名：猫爪花
原产地：欧洲
花期：4～6月
花语：胜利，率直
易种指数：★★★★

　　耧斗菜叶片优美，叶表面有光泽，背面有茸毛，花形独特，花瓣5枚。花色有深蓝紫、白、粉红、黄等。耧斗菜可盆栽，可布置花坛，也可用作切花。

养护技巧

光照：耧斗菜喜光，但在半阴处也能良好生长。夏季忌高温暴晒，需适当遮阴或种植在半遮阴处。冬季可多接受阳光照射，尤其是开花前更应增加光照。

温度：耧斗菜喜凉爽气候，生长适宜温度为15℃～20℃，耐寒性强，华北、华东可露地越冬。

水分：盆栽耧斗菜应根据室内温度变化合理浇水，一般盆土干时，浇透水即可。夏季需每天浇水，并进行叶面喷水。忌盆内积水。

土壤：耧斗菜喜湿润、腐殖质丰富、排水良好的沙质壤土。盆土可用腐叶土 3 份、园土 2 份、河沙 1 份加少量腐熟的有机肥混合。

肥料：生长旺季每月需施一次腐熟的饼肥水。生长期以氮肥为主，花芽形成后以磷、钾肥为主，或用"卉友" 15-15-30 盆花专用肥。

修剪：待苗长到 40cm 左右时，需及时摘心，以控制植株的高度，并加强修剪，以利于通风透光。

🌸 繁殖方法

播种法：一般春、秋都可播种，最好种子采收后立即盆播，撒种要稀疏，覆土厚度以不见种子为好。出苗前需用保鲜膜覆盖，以保持土壤湿润，但湿度不能过大，否则种子易腐烂。发芽温度为 15℃～20℃，一般播后 1 个月出苗，出苗后通风炼苗，苗高 6cm 左右移栽，肥水充足，第二年可开花。分株宜在早春发芽前或落叶后进行。

🌸 病虫害防治要点

花叶病：一般全株发病，叶呈花叶症状，叶面皱缩、畸形。要加强栽培管理，多用复合肥，少施氮肥，增施磷、钾肥，以改善植株营养条件。疏松土壤有利于植株根系发育，提高其抗病性。

蚜虫：及早防治蚜虫，消灭传播媒介。

🌸 温馨提示

耧斗菜可用作中药，有止血、活血、镇痛的功效。家庭种植最好不要食用。

虞美人

科属：罂粟科罂粟属
别名：赛牡丹
原产地：欧洲及亚洲北部
花期：5～8月
花语：安慰，坚贞的爱情
易种指数：★★★☆

　　虞美人是比利时国花。花色丰富，有白、红、黄、粉等颜色。虞美人姿态轻盈柔美，纤细的花枝似苗条的少女，轻盈的花瓣似片片云霞，具有中国古典美女的容姿，是百花中的极品。虞美人可盆栽，也可布置花境、花坛。

❀ 养护技巧

光照：虞美人喜阳光，生长期要求光照充足，每天要有4小时以上的直射日光。如果生长期间光照不足，则植株生长纤弱，花色、叶色暗淡。

温度：虞美人喜凉爽怕湿热，冬暖夏凉最有利于生长。适宜生长温度15℃～24℃。夏季温度过高，虞美人长势减弱，地上部分甚至会枯黄死亡。虞美人较耐寒，但冬季严寒地区也需加强防寒工作。盆栽要移至室内养护。

水分：生长期喜湿润的土壤，但不能积水，浇水掌握"见干见湿"的原则。刚栽植时，要充分浇水，以促进根系生长，现蕾后控制浇水，保持土壤湿润即可。

土壤：虞美人对栽培土壤的要求不高，喜排水良好、肥沃的沙壤土。

肥料：一般播前施足基肥，在孕蕾开花前再施1～2次稀薄的饼肥液。每周叶面喷施一次0.1%磷酸二氢钾液，可进行催花，花期忌施肥。施肥不能过多，否则植株徒长过高，易倒伏。

修剪：开花后若不留种，应及时剪去凋萎花朵，可使余花开得更好。

病虫害防治要点

蚜虫：虞美人很少发生病虫害，夏季高温通风不畅，会有蚜虫为害。成虫、若虫密集在嫩梢、叶片上，吮吸叶上汁液，可用50%灭蚜灵乳油1200倍液喷杀。

温馨提示

虞美人全株有毒，植株内含有毒生物碱，果实毒性最大，误食后会引起中枢神经系统中毒，甚至威胁生命。

繁殖方法

播种法：可在9～10月播种，因为种子细小，育种土必须整细，播后不覆土，盖塑料薄膜保持湿润，出苗后揭去。出苗后间苗，使植株行距为20cm左右，待长到5～6片叶子时移栽，移栽最好选择阴天时进行。先浇透水，再移植，移时注意勿伤根，最好带土，栽时将土压紧。移栽后适当遮阴，花前花后要多施磷、钾肥，以促进长枝开花。花前适当减少水量，保持土壤湿润即可。要经常松土，保持土壤的通透性。

非洲菊

科属：菊科大丁草属

别名：扶郎花

原产地：南非

花期：常年

花语：夫妻间互敬互爱，不畏艰难，
　　　互相扶持

易种指数：★★★★

非洲菊是现代切花中的重要材料。切花品种可分为单瓣型、半重瓣型、重瓣型。非洲菊花色丰富，有粉、白、红、橙等。如果营养充分，四季均可开花，春、秋季最旺。非洲菊的花朵淡雅、高洁，适合在卧室、书房、窗台摆放。

❀ 养护技巧

光照： 非洲菊喜阳光充足的环境，不耐寒，忌炎热。冬季需充足的光照，夏季应注意适当遮阴，加强通风。

温度： 非洲菊属半耐寒性花卉，喜在冬暖夏凉、空气流通的环境里生长，生长适温为18℃～26℃，冬季适温为13℃～18℃，低于10℃时则停止生长，夏季温度不要高于30℃，否则易引起休眠。

水分： 盆栽非洲菊对水分要求比较严格，最好在早晨浇水，夜间使盆土稍干燥。小苗期盆土要求适当湿润，植株生长旺盛期应供水充足，但避免盆内积水，室内温度低时少浇水。植株开始长根时必须从植株下部浇水，可采用浸盆法浇水。高温期间可给叶片喷些水，花期浇水要注意不要让叶丛中沾水，以免花芽腐烂。入秋后应逐渐减少浇水，冬季与夏季高温期间应控制浇水。

土壤：非洲菊喜肥沃疏松、腐殖质丰富、排水良好的沙质微酸性土壤，土壤 pH 值最好为 6.0 ～ 7.0。

肥料：非洲菊属喜肥花卉，小苗期每半个月施一次 0.1% 的复合肥。生长旺盛期可追施以磷、钾为主的复合肥 2 ～ 3 次。花期每 20 天施一次 0.1% 的磷酸二氢钾复合肥，如果叶小而少，可适当增施氮肥，但用量宜少不宜多。夏季高温期及冬季温度低于 10℃ 应停止施肥。冬季室温高于 16℃，可继续施肥。

修剪：非洲菊叶丛下部叶片很易衰老枯黄，最好及时用剪刀剪除。花谢后，若不留种，要及时剪除残花的花梗。

中脱出，分别切成数丛，每丛带 4 ～ 5 片叶子，然后分别栽植，栽植不宜太深，要让新芽略露出土面，栽后在半阴处缓苗，等成活后逐渐见光。

播种法：种子需经人工辅助授粉，非洲菊种子的寿命较短，采收后最好立即播种。可以盆播。种子发芽需光，播后覆盖薄薄一层土，以不见种子为度，然后置半阴处养护。种子发芽适宜温度为 18℃ ～ 22℃，2 ～ 3 片真叶时上盆。

❀ 病虫害防治要点

白粉病：发病初期在叶面上形成白色粉霉斑，逐渐布满叶面，最后叶片黄枯。要及时清除病叶并集中烧毁。增施磷、钾肥，少施氮肥。加强环境通风透光，避免湿度过大，可用 60% 的代森锌 600 倍液喷施。

虫害：如果有红蜘蛛和蚜虫为害，可用 40% 的氧化乐果乳油 2000 倍液喷杀。

❀ 繁殖方法

分株法：可在春或秋季花谢后进行，通常 2 ～ 3 年分株一次，将母株从盆

❀ 温馨提示

非洲菊无毒。家庭盆栽避免盆内积水，盆内长期积水，很易感染根腐病。

紫罗兰

科属：十字花科紫罗兰属
别名：草桂花
原产地：地中海沿岸
花期：4～5月或6～8月或7～9月
花语：永恒的美，我将永远忠诚
易种指数：★★★☆

紫罗兰叶片长圆形，花色丰富，有深紫、浅紫、深红、粉红、纯白、淡黄、蓝紫等色。紫罗兰的花朵艳丽，花香浓郁，沁人心脾，令人陶醉。紫罗兰用途广泛，可盆栽观赏，可布置花坛，可做切花。

❀ 养护技巧

光照： 紫罗兰喜阳光，稍耐半阴，可摆放在阳光柔和、明亮的阳台或窗台。在阴暗的环境下，则开花不良，花少而色淡。夏季若光照过强又会造成叶片发黄、枯焦，需在阴凉通风处养护，避免闷热潮湿的环境和烈日暴晒。

温度： 紫罗兰喜冷凉的气候，忌燥热，生长适温为15℃～25℃，花芽分化的适温为16℃。喜欢通风良好的环境。冬季喜温和气候，能耐短暂2℃的低温。

水分：平时浇水不宜过多，掌握"见干见湿"的浇水原则，盆土稍干时再浇透水，避免盆内积水，否则会引起烂根。夏季为增加空气湿度，可在植株的周围洒些水，不能向叶面喷水，因为水滴滞留在叶间，叶片会产生难看的黄斑，甚至腐烂。

土壤：紫罗兰对土壤要求不严，喜疏松、肥沃的微酸性土壤。盆土可用腐叶土3份、沙土2份再加少量腐熟的有机肥混合配制。

肥料：生长期每半个月施一次腐熟的稀薄液肥或复合化肥，肥料中氮肥含量不能太多，否则会造成叶片徒长而开花减少。现蕾期适当增施磷、钾肥，可使花朵大、花色艳丽。施肥时要避免肥液溅到叶片上，以免烧伤叶片。冬季低温和夏季高温时应停止施肥。

🌸 繁殖方法

播种法：一般9月初播种，播种土要求松软湿润，种子撒播后，撒上薄薄的一层细土，覆盖保鲜膜，一周后出苗。在真叶5～7片时定植，需要带土栽种。真叶长到10片时，摘掉顶芽，保留6～7片真叶。发侧枝后，留上部3～4枝，其余及时摘除。紫罗兰花芽分化时需5℃～15℃的低温周期，在自然条件下，一般在10月中下旬分化花芽。

🌸 病虫害防治要点

叶斑病：如果通风不良、湿度过高，紫罗兰易感染叶斑病，可用80%代森锰锌600倍液喷施。此外，要及时剪除病枝叶，适当增施磷、钾肥，避免在植株上喷水。

蚜虫：夏季高温时，蚜虫常积聚在叶片、嫩芽及花蕾上，用刺吸式口器吸取植物汁液，使受害叶片皱缩、脱落，严重时可使植株死亡。蚜虫分泌的蜜露，还会诱发煤烟病。可用75%辛硫磷乳油1200倍液防治。

🌸 温馨提示

紫罗兰的花瓣可泡茶，紫罗兰花茶沁心沁脾，具有清热解毒、排毒养颜、降脂减肥、止咳化痰等功效。

郁金香

科属：百合科郁金香属
别名：洋荷花
原产地：地中海沿岸
花期：3～5月
花语：神圣，幸福，胜利
易种指数：★★★☆

郁金香是荷兰的国花。郁金香叶片带状披针形，花朵杯状，花色丰富，有紫红、洋红、鲜黄、纯白等。花朵白天开放，夜间闭合。郁金香花形别致，高雅脱俗，可做切花，也可布置花境、花坛。中、矮品种可盆栽观赏。

❀ 养护技巧

光照：郁金香喜阳光，若光照不足则植株生长不良，叶色变浅，花期缩短。夏季气温高，盆栽郁金香需放在阴凉处养护。盛花期避免阳光直射，可延长开花时间。

温度：郁金香喜冬季温暖湿润、夏季凉爽稍干燥的生活环境。鳞茎储藏温度为5℃～9℃，温度16℃～25℃鳞茎开始生根，花芽分化温度为20℃～23℃。郁金香耐寒性较强，冬季气温在8℃以上可正常生长。

水分： 种球种植后浇透水，有利于生根，出芽后适当控制浇水。室内温度高时，可向叶面喷水，增加空气湿度。抽花期和现蕾期应充分供应水分，促使花朵发育，开花后，适当控水。避免盆土长期积水。

土壤： 郁金香喜富含腐殖质、排水良好的沙质壤土。盆土可用园土2份、腐叶土2份、河沙1份加少量腐熟的农家肥混合配制。

肥料： 生长旺盛期追施液肥1～2次，现蕾至开花前每周喷浓度为2%～3%的磷酸二氢钾溶液一次。

繁殖方法

分球法： 购买的种球可分为五度球和自然球，五度球是经过低温处理的种球，如果购买的是自然球，需要在冰箱的冷藏室冷藏1个月再种植，可提前开花。一般秋季9～10月种植，种植土可用园土3份、粗沙1份加少量腐熟的有机肥混合。最好用深盆种植，覆土2～3cm，种植后浇透水，放在阴凉处，待长出叶子再移到阳光处。每盆可以种3～5个不同花色的种球。

病虫害防治要点

根腐病： 轻微感染时部分根系腐烂，重度感染将导致花朵凋谢。可在栽种前对土壤和种球进行消毒处理，种球栽种前，可用高锰酸钾溶液或福尔马林溶液浸泡30分钟，土壤可用40%福尔马林100倍液消毒。同时加强通风，避免盆内积水，浇水做到"见干见湿"。

温馨提示

　　郁金香的花朵中含一种毒碱，人和动物在这种花丛中待上2～3小时，就会头昏脑胀，出现中毒症状，严重者还会毛发脱落，所以最好不要养在室内。如果是成束的鲜花摆放在室内，要注意保持室内通风。郁金香的球茎也有一定毒性，如果误食会引起呕吐、腹泻。有些人接触其叶子也可能出现皮肤过敏症状。

天竺葵

科属：牻牛儿苗科天竺葵属
别名：洋绣球
原产地：非洲南部好望角
花期：5～6月
花语：偶然的相遇，幸福就在你身边
易种指数：★★★★

天竺葵花色丰富，有粉、红、白、紫等色。除盛夏休眠外，如果营养充分，可不断开花，花后40～50天种子成熟。天竺葵叶片雅致，花朵艳丽，可布置花坛，可盆栽观赏，是室内外绿化的良好材料。

✿ 养护技巧

光照： 天竺葵喜阳光，好温暖，不耐夏季的酷暑和烈日。夏天需要在遮阴、通风处养护，其他季节需放在阳光充足的地方。

温度： 天竺葵适宜生长温度为15℃～25℃，不耐高温，夏季需做好通风、降温工作。天竺葵耐寒性差，冬季白天室温保持15℃～20℃，夜间温度10℃以上，可正常开花。

水分： 天竺葵稍耐旱，怕积水，浇水应掌握"不干不浇，浇要浇透"的原则。

夏季气温高于30℃应减少浇水，避免盆内积水。室内温度低时少浇水。

土壤： 天竺葵喜疏松、肥沃的沙质壤土。盆土可用园土3份、腐叶土2份、河沙1份混合配制，并加入少量腐熟的豆饼或过磷酸钙做基肥。

肥料： 生长旺盛期要加强水肥管理，每半个月施一次稀薄的腐熟豆饼水，在花芽形成期，应增施磷、钾肥或"卉友"15-15-30盆花专用肥。夏季高温进入半休眠期，应停止施肥。

修剪： 为使天竺葵株型匀称，应从小苗开始进行整形修剪。苗高10cm左右时摘心。花谢后若不留种，要及时剪去残花，剪掉过密或细弱的枝条。由于天竺葵生长迅速，每年都要修剪整形至少3次，可在早春、初夏和秋后进行，冬季一般不修剪。

换盆： 每年应换盆一次，可在春、秋季进行，换盆前要先对植株进行整形修剪，剪口干燥后再换盆。换盆时加入基肥，适当剪去一些较长的须根。

🌸 繁殖方法

扦插法： 可在春末、早秋进行。剪取粗壮枝条作插穗，插穗顶端要求带有叶片，切口需干燥一天，剪口收缩后再扦插。扦插后需放在半阴处养护，气温高时可给插穗叶片喷雾，以增加空气湿度。扦插成功后，移入15cm的花盆里定植。

播种法： 北方可在春或秋季进行，南方最好在秋季播种。播种土可用泥炭土加珍珠岩混合，播前用高锰酸钾消毒。天竺葵种子不大，播后覆土不宜深，发芽适温为18℃～26℃。

🌸 病虫害防治要点

褐斑病： 天竺葵有强烈的气味，全株有毛，故虫害很少。如果环境湿度大、通风不畅，天竺葵易感染褐斑病。可用50%代森铵1200倍液喷施，同时加强环境通风，避免种植过密，控制浇水，剪掉病叶集中销毁。

🌸 温馨提示

香叶天竺葵的茎、叶、花含有挥发性香气，可用于提取香精或香料。天竺葵散发的微粒会使人皮肤过敏进而产生瘙痒等症状，家里有孕妇的话不宜在室内摆放。

倒挂金钟

科属：柳叶菜科倒挂金钟属
别名：灯笼花
原产地：墨西哥
花期：4～7月
花语：相信爱情，热烈的心
易种指数：★★★★

　　倒挂金钟园艺品种很多，有白萼倒挂金钟、三叶倒挂金钟、短筒倒挂金钟、长筒倒挂金钟等。花有单瓣或重瓣之分。花色丰富，有白、粉红、玫瑰紫、橘黄等颜色。倒挂金钟盆栽可布置居室、会场、办公室等地，瓶插水养也别有情趣。

❀ 养护技巧

光照：倒挂金钟冬季喜温暖湿润、阳光充足的环境，夏季喜凉爽、半阴的环境，忌烈日暴晒。为使株型丰满，生长期应经常转动花盆，使植株均匀受光，以免偏向一方。

温度：倒挂金钟的生长适温为15℃～25℃，冬季不能低于5℃，当气温低于12℃时，需移入室内养护。夏季气温30℃时，生长极为缓慢，气温高于35℃时，枝叶枯萎，甚至死亡。

水分：浇水掌握"见干见湿，浇则浇透"的原则。夏天盆土偏干为好，忌盆内积水。夏季每日多次向叶面喷水、地面洒水，可降低温度，增加空气湿度。

土壤： 倒挂金钟喜肥沃、疏松的微酸性土壤，盆土可用腐叶土4份、园土5份、河沙2份混合配制，再加入少量复合肥或有机肥。

肥料： 倒挂金钟生长迅速，若营养充分，可不断开花。施肥应掌握"薄肥勤施"的原则，生长期每半个月施一次稀薄的液肥，以腐熟的饼肥或粪肥为好，开花期间每20天施一次以磷、钾为主的液肥。盆土稍干燥些施肥，有利于肥料的吸收。夏季不用施肥。

修剪： 新栽培的植株长到20cm以上时，剪掉顶枝，可促使侧枝萌发，形成匀称的株型。夏季休眠期剪短徒长枝，可使秋季花开得繁茂。入室前进行一次全面整形修剪，剪去枯枝、弱枝、过密枝，剪短徒长枝。

繁殖方法

扦插法： 可在春、秋季进行，最好随剪随插。插穗选植株顶部健壮的枝条，长5～8cm，把基部叶片剪掉，保留顶部叶片，剪口干燥后，插入湿润的蛭石或素沙土中，深约枝条的1/3，浇透水，放在阴凉处养护。温度12℃～20℃，半个月左右生根，待有新叶长出就可以上盆了。

病虫害防治要点

根腐病： 染病植株根部变黑腐烂，枝叶变黄。防治方法：浇水做到"见干见湿"，避免盆内积水，经常疏松土壤，保持土壤的通透性。夏季做好通风降温工作，淋雨后要及时排水。发病后用50%代森铵300倍液浇灌根部土壤。

虫害： 夏季高温、通风不畅，倒挂金钟易被白粉虱侵害，主要为害嫩叶，吸取叶片汁液，使叶片卷曲、干枯。此外，白粉虱分泌的蜜露污染叶片后，还易感染煤烟病。可用40%氧化乐果1000倍液喷施受害叶片的正反面，每周喷一次，连续喷3～4次。

温馨提示

倒挂金钟是一种传统中药材，味辛酸，性微寒，有活血散瘀、凉血祛风的功效。

口红花

科属：苦苣苔科毛苣苔属
别名：花蔓草
原产地：爪哇、马来半岛、加里曼丹岛
花期：7～9月
花语：日子过得红红火火
易种指数：★★★★

口红花叶片卵形、肉质，叶面浓绿色，背面浅绿色，花冠筒状，鲜红色，极像口红，夏季开花。口红花株型优美，花色明艳，适合悬垂观赏，是极有情趣的悬挂观花植物。

🌸 养护技巧

光照：口红花喜明亮的散射光。光照过强，叶片会变成红褐色，长期在光照不足的地方放置，枝条容易徒长且不易开花。家庭栽培可悬挂在离朝南窗口 1m 左右、散射光充足的地方。冬季早晨 10 点前或下午 3 点后可接受直射光的照射。夏季放在阴凉、通风处养护。

温度：口红花耐寒性较差，生长适宜温度为 18℃～26℃，12℃以上能安全越冬，如果室温过低，叶片会脱落，甚至枝条会干枯。

水分：口红花应根据室内温度变化合理浇水。春季生长旺盛宜保持盆土湿润，但切忌盆内积水。夏季应经常向叶面喷水，增加叶面与周围环境的湿度。秋季天气逐渐变凉，要逐渐减少浇水量和施肥量。冬季盆土宜稍干燥，有利于安全越冬。

土壤：口红花喜疏松、肥沃、通气性好的微酸性土壤。盆土可用腐叶土4份、粗沙2份加入少量的复合肥混合配制。

肥料：口红花喜稀薄的液肥，生长季每20天施一次稀薄的饼肥水，开花前施磷、钾肥，可促进开花。冬季一般情况下应少施或不施肥。上盆时可加入适量碎骨块做基肥。

修剪：花期过后可重剪一次，使株型优美，并及时剪掉花茎，减少花枝养分消耗，可促进新枝萌发和下一次孕蕾，使来年开的花更多。

❀ 繁殖方法

扦插法：一般在春季进行，剪去顶部枝条12cm左右，去掉下部叶片，插入湿润的蛭石或素沙中，扦插后放在阴凉处，保持空气、土壤湿润，每盆可插数丛。

❀ 病虫害防治要点

炭疽病：夏季气温高、湿度大，口红花易感染炭疽病。发病初期，叶片上产生小斑点，后期扩大形成黄褐色的圆斑，大部分叶子会枯黑死亡，病情严重时，茎上也产生病斑。防治方法：保持环境通风，降低空气湿度，减少氮肥的用量，可预防此病的发生，发病时可用50%甲基托布津可湿性粉剂600倍液喷施。

❀ 温馨提示

口红花可吸收室内80%以上的有害气体，吸收甲醛的能力很强。

代代花

科属：芸香科柑橘属
别名：回青橙
原产地：中国浙江
花期：4～5月
花语：期待你的爱
易种指数：★★★☆

代代花香气浓郁，一盆在室，满屋皆香，令人神清气爽。果实深绿色，成熟后橙黄色，第二年春天又变为青绿色，所以又叫"回青橙"，如果精心管理，果实可三年不落。代代花可室内盆栽，也可庭院种植，既可观花、也可观果。

🌸 养护技巧

光照：代代花喜阳光，如果环境过于阴暗，会导致枝叶徒长，开花量减少。夏季高温时需适当遮阴有利于安全越夏。

温度：代代花最适宜生长温度为20℃～28℃，夏季气温最好别超过35℃。代代花抗寒力很强，冬季只要保持室温在0℃以上，即可安全越冬。

水分：春、秋生长旺季，需保持盆土湿润，雨季忌盆内积水，盆土过干、过湿都会引发落果。夏季浇水要充足，要经常向枝叶及花盆四周环境喷水，以增加空气湿度。冬季室内气温低时，减少浇水量。

土壤：代代花喜疏松、肥沃的沙质土壤。盆土可用园土3份、黄泥1份、砻糠灰1份混合配制，盆底加入少量腐熟的有机肥则更好。

肥料：代代花喜肥，生长期每半个月施一次腐熟的稀薄肥水，开花前多施磷、钾肥，可促进开花，开花时停止施肥，可以避免落花。

修剪：春季要把代代花移到室外，并及时进行修剪，修剪时要保留侧枝基部2～3个芽，截去上部枝条，可使新枝更加粗壮。

疏花、疏果：代代花开花后，应适当进行疏花、疏果，通常一个大枝上留1～2个果实，小植株整株最多保留3～5个果实。

换盆：每隔1～2年换盆一次，换盆时剪掉老根，加入腐熟的有机肥，有利于植株生长。

❀ 繁殖方法

扦插法：可在春季进行，采用一二年生壮实的枝条为插穗，剪成长约20cm的小段，保留上部叶片，插入草炭土与素沙土各半混匀的基质中，扦插深度约6cm，插后浇透水，置于树荫处，盖上塑料膜，有利于保湿、保温。气温25℃左右，一个半月可生根。

❀ 病虫害防治要点

叶斑病：发病初期叶缘先出现褐色小斑，病斑扩展后，呈不规则形状，最后病斑上产生许多黑色颗粒状物并腐烂。防治方法：保持环境通风、透光，少施氮肥，增施磷、钾肥可提高抗病性。发病初期可用50%退菌特可湿性粉剂1000倍液喷雾防治，每隔10天喷一次，共喷2～3次。

虫害：夏季高温会有蚜虫、红蜘蛛等为害代代花。蚜虫、红蜘蛛可用40%氧化乐果1200倍液喷杀。

❀ 温馨提示

代代花具有疏肝和胃、理气解郁的功效。代代花茶是一种美容茶，略微有点苦，但可清心安神，使紧张不安的情绪得以放松，有助于缓解压力所导致的腹泻。此外，还有减脂、瘦身的效果。

君子兰

科属：石蒜科君子兰属

别名：大叶石蒜

原产地：非洲南部

花期：2～4月

花语：君子谦谦，温和有礼

易种指数：★★★★

君子兰有淡黄、橙黄、浅红、深红等花色，如果养分充足，可全年开花。花期30～50天，可在元旦至春节前后开放，是家庭理想的盆栽花卉，也是布置会场、装饰宾馆的优秀盆花。

✿ 养护技巧

光照：君子兰喜半阴的环境，忌强烈的直射光。冬季室内养护，可放在光照充足的地方，特别是在开花前要有良好的光照，开花后适当降温，避免强光直射，保持空气流通。

温度：君子兰怕炎热，喜凉爽通风的环境，不耐寒。生长适温为18℃～25℃。夏季气温在30℃以上时，需在阴凉通风处养护。可将君子兰连盆一起埋入沙子里，在沙子上每日早晚各洒水一次，可达到降温的目的。

水分：春、秋生长旺期，需保持盆土湿润，但忌盆内积水，出现半干就要浇水，浇水一定要浇透。夏季高温可少浇水，应多在叶面和花盆四周喷水。冬季根据室内温度变化，合理浇水。

土壤：君子兰喜疏松、肥沃、排水好的微酸性土壤。家庭盆栽最好购买君子兰专用土，也可用腐叶土6份、松针土2份、河沙1份和少量腐熟的有机肥混合。

肥料：春、秋生长旺季，可每月施一次花卉专用液肥，苗期以氮肥为主，孕蕾期以磷、钾肥为主。施肥前1～2天不要浇水，让盆土稍干些施肥效果更好。施液肥后隔1～2天后要浇一次清水，水量不宜太多。施肥时间最好在早晨，夏季气温高于30℃时，一般不施肥。

换盆： 每隔2～3年换盆一次，一般在春、秋季进行，换盆时加入少量腐熟的饼肥可使叶绿花艳。

❀ 繁殖方法

播种法： 一般在春、秋季播种，先将种子在30℃的温水中浸泡半小时，再将播种土浸湿，以3cm的间距点播，播后覆盖播种土2～3cm，用细眼喷壶浇透水，将育苗盘放在通风、半阴处。

分株法： 先将君子兰从盆中取出，去掉宿土，找出可以分株的子株。如果子株长在母株外侧，子株较小，可用手掰一下。如果子株粗壮，不易掰下，就用锋利的小刀将其割下来。子株割下后，应立即用干木炭粉涂抹伤口，以防伤口腐烂。然后上盆种植，盆土要用1500倍的高锰酸钾溶液消毒，种好后浇一次透水，待到2周后伤口愈合时，再加盖一层培养土。

❀ 病虫害防治要点

叶斑病： 可用50%多菌灵1200倍液进行喷雾，如果病害严重，可将被害叶片摘掉，并在伤口处用无菌脱脂棉吸干，同时加强环境通风，避免湿度过大。

介壳虫： 平时要注意多观察，发现虫害，及早除治，少量时可人工用细木条刮除，大量时可用40%氧化乐果乳剂1200倍液喷洒，一般1～2次即可。

❀ 温馨提示

君子兰宽大肥厚的叶片具有很多的气孔和绒毛，能分泌出大量的黏液，经过空气流通，能吸收大量的粉尘、灰尘和有害气体，因此君子兰被人们誉为理想的"空气净化器"。

蒲包花

科属：玄参科蒲包花属

别名：荷包花

原产地：南美洲墨西哥、秘鲁、智利一带

花期：12月至转年3月

花语：援助，富有，富贵

易种指数：★★★☆

　　蒲包花花形别致，花朵蒲包状，花色丰富，单色品种有红、黄、白等色，复色品种在各底色上着生红、橙、粉等色的斑点。蒲包花的花朵艳丽多彩，花期长，花形奇特，是冬春重要的盆花，可摆放在儿童房、客厅等处。

养护技巧

光照：蒲包花喜光照，属于长日照花卉。幼苗期光照充分，则叶片发育健壮，抗病性强，但强光时需适当遮阴保护。如需提前开花，在花芽孕育期间，每天给予14小时的日照，也可人为补充光照，缩短生长期，提早开花。

温度：蒲包花喜凉爽湿润、通风的环境，忌高热、畏寒冷。生长适温为13℃～18℃，高于25℃不利于开花，15℃以下花芽分化，15℃以上营养生长。

水分：盆栽蒲包花对水分比较敏感，茎叶生长期，盆土须保持湿润，但忌盆内积水。抽出花枝后，盆土可稍干燥,但不能脱水。如果能在室内经常喷雾,增加空气湿度,有利于植株生长。浇水不能洒湿叶面和花茎,否则很易引起腐烂。

土壤: 蒲包花喜肥沃、疏松和排水良好的沙质壤土。盆土可用园土、腐叶土、细沙混合配制,pH值为6.0~6.5的微酸性土壤有利于其生长。

肥料: 幼苗期每半个月施一次腐熟的稀释10倍的饼肥水,当抽出花枝时,增施1~2次磷、钾肥。施肥时,不可让肥水玷污叶片。

修剪: 苗高5cm时,叶腋间的侧芽应及时摘除。

❀ 繁殖方法

播种法: 多于8月下旬到9月初气候渐凉时进行。播种土可用腐叶土3份、河沙2份混合,过筛并消毒后装入浅盆,用浸盆法浸透水,即可播种。蒲包花的种子细小,不用覆土或覆盖薄薄一层细土,播后盖上塑料膜,放在阴凉处,出苗后及时去掉塑料膜。当幼苗长出2片真叶时进行第一次移栽,长出4~6片真叶时可单株上盆。11~12月可上大盆定植。

❀ 病虫害防治要点

立枯病: 也叫猝倒病。病菌为害幼苗茎的基部,出现褐色凹陷的病斑,最后幼苗干枯死亡。防治方法:播种土用福尔马林溶液消毒,小苗长到2~3片真叶时,及时分栽,减少浇水量,生长期加强光照、通风。发病初期可用70%甲基托布津800倍液浇灌根部,每周一次,连续浇灌2~3次。

虫害: 如果室温太高、通风不畅,易发生红蜘蛛、蚜虫为害。可用50%马拉硫磷乳油1500倍液喷雾,同时增加空气湿度或降低室温。

❀ 温馨提示

蒲包花的叶片和花朵都比较娇嫩,浇水、施肥时要小心,不要将水、肥液洒在花朵和叶片上,以免造成腐烂。

鹤望兰

科属：旅人蕉科鹤望兰属
别名：极乐鸟之花
原产地：南非
花期：冬季
花语：热烈的相爱，与心爱的人比翼
双飞
易种指数：★★★★

鹤望兰高贵典雅，花形奇特，好像美丽的仙鹤，翘首遥望，引吭高歌，给人以无限的遐想，是我国稀有的名贵花卉。盆栽鹤望兰可摆放在宾馆、大型会议、客厅等处，同时它也是重要的切花材料。

❀ 养护技巧

光照：鹤望兰为喜光植物，冬季需充足阳光，每天要有不少于 4 小时的直接光照。夏季避免阳光直射，需在阴凉通风处养护。

温度：鹤望兰喜温暖、湿润的气候，怕霜雪，生长适宜温度为 18℃～30℃，冬季最好在 15℃ 以上的室内养护，低于 5℃ 不利于其生长。

水分：鹤望兰具有粗壮肉质根，能储藏很多水分，有一定的耐旱性，但怕水淹。夏季需水量大，要多浇水，并经常向叶片和周围地面喷水，冬季要适当减少浇水。

土壤：鹤望兰喜疏松、肥沃、排水好的微酸性土壤。盆土可用肥沃的园土 2 份、泥炭土 1 份及少量的河沙混合，上盆前可加入腐熟的牛粪和马蹄片。

肥料：生长旺盛期每月施一次有机液肥，开花季节前 2 个月补充 1～2 次浓度为 0.2% 的磷酸二氢钾，施入土中，直至花蕾出现为止，花期停止施肥。

❀ 繁殖方法

分株法：可在 5 月份进行，分株时将植株整体从盆中倒出以后，用利刀从根茎空隙处劈开，每组肉质根上应带有一定数量的叶片和 2～3 个新芽，剪口涂以木炭粉，栽入配好的培养土中（可参照上面写的土壤配方），栽后浇透水，放在半阴处养护。

播种法：种子成熟后，最好立即播种。播种前将种子在温水中浸泡 1～2 天，每天换 2 次水。盆土用水浸透后，将种子均匀点播在浅盘内，覆土厚度不要超过种子大小的 2 倍，盖上保鲜膜，将播种盆置于潮湿的半阴处。出苗后，去掉保鲜膜，逐渐见光。

❀ 病虫害防治要点

灰霉病：主要发生在叶片、叶柄和花瓣上，发病初期病斑呈暗绿至暗黄色，水渍状，在高温高湿条件下，病斑迅速发展，呈褐色不规则状，以致大片腐烂，并长出灰色霉层。防治方法：加强环境通风，少给植株喷水，增施磷、钾肥。多雨季节，用波尔多液喷雾 2～3 次。发病初期用 75% 百菌清可湿性粉剂 500 倍液喷施，每隔 10 天一次，连喷 2～3 次。

虫害：易感染介壳虫。可在有少量介壳虫发生时，用软刷轻轻刷除虫体，再用水冲洗干净。还可利用其的趋黄性，购买黄板进行诱杀。采用药物防治可在若虫孵化不久还没形成蜡质壳时进行，可用 40% 乐果 1000 倍液或 50% 敌百虫 250 倍液，一般连续喷洒 1～3 次，每次间隔 7～10 天效果较好。要特别注意的是，介壳虫对药物能产生抗性，农药可交替使用。

果子蔓

科属：凤梨科果子蔓属
别名：西洋凤梨
原产地：美洲热带地区
花期：常年
易种指数：★★★★

果子蔓园艺栽培品种常见的有红星果子蔓、火炬果子蔓等。果子蔓叶片翠绿光亮，花朵艳丽，花期长，是花叶俱美的盆栽花卉，目前花卉市场上比较流行。

❀ 养护技巧

光照：果子蔓喜温暖、湿润、半阴的环境，夏季需在阴凉处养护，早春、晚秋、冬季如果气温低，可适当给予直射光的照射，有利于形成花芽和开花。

温度：生长适温为15℃～30℃，夏季高于35℃时，要经常给叶片喷水降温。冬季温度低于15℃，植株生长缓慢，低于8℃易受冻害。

水分：果子蔓喜湿润的栽培土壤，忌盆内积水。冬季室温低于16℃，应减少浇水。果子蔓对空气湿度的要求较高，要求生长环境的空气相对湿度在

65% 以上，如果室内干燥，应经常给地面和叶片喷水，同时莲座叶丛也不可缺水。

土壤： 果子蔓喜肥沃、疏松和排水良好且富含腐殖质的微酸性壤土。盆土可用腐叶土 3 份、泥炭土 2 份、粗沙 2 份混合配制。

肥料： 春秋季每月施一次"卉友"20-20-20 通用肥，冬季室温高于 18℃，每 2 个月施肥一次。

❀ 繁殖方法

分株法： 一般在春天进行。母株在开花之前，基部或叶片之间会抽生出蘖芽，当蘖芽长到 10cm 左右时，用锋利的小刀割下，插入腐叶土 3 份和粗沙 2 份混合的基质中，浇透水，放在阴凉处。每天需要给叶面喷雾 1～3 次，温度高时多喷水，温度低少喷或不喷，这段时间不要施肥，约 1 个月即可生根。如果蘖芽上带根，可直接盆栽。

❀ 病虫害防治要点

如果有叶斑病发生，可用波尔多液和 50% 多菌灵可湿性粉剂各半混合 1000 倍液喷洒防治。当有介壳虫为害时，可用 40% 氧化乐果乳油 1000 倍液喷杀。

❀ 温馨提示

果子蔓能很好地吸收二氧化碳，净化夜间空气，适合在室内明亮处摆放。

美女樱

科属：马鞭草科马鞭草属
别名：铺地马鞭草
原产地：巴西、秘鲁
花期：5～11月
花语：相守，家庭和睦，锦上添花
易种指数：★★★★

美女樱花小密集，花冠筒状，花色丰富，有粉、白、蓝、紫等色。美女樱姿态秀美，花朵艳丽多彩，园林中多用于花境、花坛的装饰，成片种植盛开时如花的海洋，也可盆栽或吊盆栽培，适合装饰窗台、阳台和走廊等处。

🌸 养护技巧

光照：喜阳光、不耐阴。有充足的阳光美女樱才能开出艳丽的花朵，如果光照不足，植株易徒长，花朵少。夏季需适当遮阴，霜降前要搬到室内阳光处。

温度：美女樱最适宜的生长温度为16℃～25℃，喜温暖气候，忌酷热，夏季温度高于34℃时明显生长不良。不耐霜寒，冬季温度低于5℃以下时，进入休眠或死亡。

水分：生长期要经常保持盆土及周围湿润，夏季不耐干旱，要浇水充分，冬季适当减少浇水。喜较高的空气湿度，如果湿度不够，会影响开花。

土壤： 美女樱喜疏松、肥沃、排水性能好的土壤，栽种前盆底可施入腐熟的有机肥或过磷酸钙为基肥。

肥料： 生长期每半个月施稀薄的液肥一次，可用"花宝"或腐熟的有机肥，遵循"淡肥勤施、量少次多、营养齐全"的施肥原则，施肥后，晚上要保持叶片和花朵干燥。

修剪： 当幼苗长到 6～10cm 时，进行第一次摘心，即把侧枝的顶梢摘掉，保留侧枝下面的 4～5 片叶子，可促使侧枝萌发。当侧枝长到 6～8cm 时，进行第二次摘心。经过两次摘心后，株型会更加紧密丰满，开花数量增多。若不留种，花谢后应及时剪除残花，加强水肥管理，以便再发新枝与开花。

❀ 繁殖方法

播种法： 一般春季播种秋季开花，将种子在温水中浸泡 4～8 小时，播种土可用腐叶土 5 份、园土 3 份、河沙 2 份混合，用浸盆法将播种土浸湿。以 3cm×3cm 的间距点播，覆盖厚度为种粒的 2～3 倍，播后用细孔喷壶把基质淋湿，盖上塑料膜。幼苗出土后，及时把薄膜揭开，并在每天上午 10 点之前或下午 3 点之后让幼苗晒晒太阳。当幼苗长出 3～5 片叶子后就可以移栽上盆了。

❀ 病虫害防治要点

如果有霜霉病和白粉病为害，可用 70% 甲基托布津可湿性粉剂 800～1000 倍液喷洒。有红蜘蛛和蚜虫为害，可用 50% 马拉硫磷乳油 1000～2000 倍液喷杀。

❀ 温馨提示

美女樱全草可入药，具清热、凉血的功效。

长春花

科属：夹竹桃科长春花属
别名：日日春
原产地：非洲东部
花期：常年
花语：快乐，回忆，青春常在
易种指数：★★★★

长春花花色丰富，有纯白、蔷薇红、粉等。长春花花期长，花朵繁茂，从春至深秋开花不断，多用于布置花坛，盆栽可美化阳台、庭院。北方温室栽培四季都可观花。

养护技巧

光照： 长春花为喜阳性花卉，生长期需要充足的阳光，如果光照不足，植株易徒长，茎节细长，不易开花。夏季稍遮阴，其他季节则给予充足的光照。

温度： 长春花最适宜的生长温度为20℃～28℃，可耐夏季高温，不耐寒，气温降至15℃以下停止生长，低于5℃叶子变黄脱落，甚至会受冻害。

水分： 浇水掌握"见干见湿，浇则浇透"的原则，避免盆内积水，生长期也不可缺水，缺水植株易萎蔫。

土壤：一般土壤均可栽培长春花，以排水、透气、富含腐殖质的微酸性土壤为好。长春花不耐盐碱。

肥料：长春花对肥料要求不严，上盆时施足底肥，可用腐熟的麻酱渣、鸡粪等做底肥，开花前增施磷、钾肥即可。

修剪：为了促进分枝、株型优美，通常需要摘心2～3次。一般4～6片真叶时，开始第一次摘心，新梢长出4～6片叶子时，进行第二次摘心，摘心最好不超过3次。如果不摘心，长春花会一直往上生长，植株看上去单薄，不美观。

🌸 繁殖方法

播种法：种子成熟后及时采摘，选择种粒饱满、无残缺的种子，播种前可将种子裹在湿布里催芽。一般春季3～5月播种，播种土可用3份泥炭土和1份珍珠岩混合，将播种土用浸盆法浸透水，播种后覆盖一层薄土。发芽前要经常喷雾保湿，发芽适宜温度为20℃～26℃。一周后小苗陆续出土，幼苗逐渐增加光照。当幼苗长出3对以上真叶时，定植于直径15cm以上的花盆，放在阴凉处缓苗一周，成活后进入正常的养护管理。

🌸 病虫害防治要点

黑斑病：病害主要为害长春花的叶和茎。发病初期叶片上有黑褐色小斑点，以后病斑逐渐扩大，变为红褐色，中心有灰白色坏死，最后叶片变成褐色枯死。为害茎秆时，茎上有长条形黑褐色病斑。防治方法：加强环境通风，控制湿度，避免盆内积水，发现有病叶片及时摘除、集中烧毁；发病期间可用65%代森锌600倍液或50%多菌灵800倍液喷施。

🌸 温馨提示

长春花茎叶流出的白色乳汁有剧毒，千万不可误食。因为误食后会产生白血球减少、血小板减少、肌肉无力、四肢麻痹等症状。

→清新亮丽的观叶植物←

文竹

科属：天门冬科天门冬属
别名：山草
原产地：南非
花期：6～10月
花语：永恒，朋友纯洁的心，永远不变
易种指数：★★★★☆

文竹的茎秆很像竹子，叶片嫩绿、细小，如羽毛状，既有松的飘逸，又有竹的秀美。有一首诗是这样描写文竹的："细叶层层说云趣，纤枝茎茎显松情"，意思是说文竹一层层纤秀的叶片，如天上的轻云，茎秆虽然纤细，却有松树的傲骨气节。

🍀 养护技巧

光照： 文竹喜温暖、湿润、半阴的环境。春、秋季最好放在明亮的散射光下养护，夏季避免阳光直射。冬季早晨10点前和下午3点后，可多晒晒太阳。

温度： 文竹最适合在18℃～26℃的环境下生活。冬季室内温度低于8℃，文竹的枝叶会变得枯黄，夏季喜欢在阴凉的地方生长。

水分： 文竹喜湿润的栽培土壤，忌盆内积水。春、夏季文竹的生长力旺盛，需要的水分较多，冬季应控制浇水，水温尽量与盆土温度相近。盛夏如果室内空气干燥，可给叶片和花盆四周喷些水。

土壤：文竹喜疏松、肥沃、排水性良好的土壤，忌黏性土壤。盆土可用腐叶土3份、园土2份、河沙1份再加少量的腐熟有机肥混合配制。

肥料：文竹喜薄肥，千万不要施浓肥。生长期可每月施一次稀薄的液体花肥，施肥时千万不要把肥液弄到枝叶上。

修剪：二年生的文竹需要进行修剪，可以把过长的枝条剪短，把枯黄的枝条剪掉，修剪的高度要与花盆的高度相协调，做到枝条的高度错落有致就可以了。

繁殖方法

播种法：最好选择成熟、饱满的种子，将种皮去掉，晒干后播种。如果室温低于15℃，可先将种子储存到沙子里，第二年春天再播种。将腐叶土4份和河沙1份混匀后，放在花盆内，浇透水，将种子均匀地撒在上面，覆盖一层薄土，盖上塑料膜，放在20℃左右的室内，保持盆土湿润。

病虫害防治要点

枝枯病：夏季阳光直射或过于荫蔽，文竹易感染枝枯病，导致小枝及叶片脱落，严重时全株枯萎而死。可在发病初期喷洒1%波尔多液或75%百菌清800倍液防治，同时加强肥水管理。

黄化病：是植物生理性病害，不具传染性。发病初期，小枝褪色，逐渐变成黄白色，患病久时，用手触小枝纷纷脱落，严重时整株枯死。首先应改善土质，用疏松透气的土壤栽培，并用0.1%高锰酸钾水溶液浸湿根系，消毒杀菌。将植株置于通风向阳且不受强烈阳光直射的地方。加强肥水管理，浇水做到"见干见湿"，避免盆内积水。

蚜虫和介壳虫：可用50%氧化乐果乳剂800倍液喷杀，一般5～7天喷一次，连喷2～3次。

温馨提示

文竹喜欢清洁和空气流通的环境，如果受煤气、烟尘、农药等有害气体刺激，叶子便会发黄、皱缩以致枯死。大理石类装饰材料会释放汞气体，摆放时应远离这类材料。

彩叶草

科属：唇形科鞘蕊花属
别名：老来艳
原产地：非洲、印度尼西亚
花期：11～12月
花语：绝望的恋情
易种指数：★★★☆

彩叶草叶色极富变化，叶面为绿、红、黄、暗红等色，并具有黄、红、紫等各色斑点。彩叶草品种繁多，色彩艳丽，是应用极为广泛的观叶花卉，既可作室内装饰，也可布置花坛，还可作插花的材料。

❀ 养护技巧

光照：彩叶草为喜光植物，室内养护应放在光线明亮的地方。但夏季高温时，应适当遮阴或放在树阴下，忌烈日暴晒。盆栽的植株要经常转动花盆，使其充分见光，株型匀称。

温度：彩叶草的最佳生长温度为20℃～28℃。彩叶草耐寒性不强，在10℃以上才能安全越冬，温度低于10℃，叶片会自然脱落，生长停止。

水分：生长期应充分浇水，尤其是夏季高温期，宜将浇水和叶面喷水相结合。叶面喷水，还可冲掉叶面所蓄积的尘土，使叶片色彩鲜艳。秋、冬季应减少浇水。浇水应做到"见干见湿，浇则浇透"。

土壤： 彩叶草喜富含腐殖质、排水良好的沙质壤土。可用园土（或泥炭土）2份、腐叶土3份、河沙1份混合配制。

肥料： 盆栽时，可施入骨粉或复合肥做基肥，生长期每月施1～2次稀薄的复合肥，增施磷、钾肥。切忌施入过量的氮肥，否则易导致叶片暗淡，彩纹不明显，植株徒长。施肥时，不要将肥水洒到叶面上。

修剪： 小苗时应多次摘心，促进分枝，养成丛株。花序出现后，若不采种，则应及时摘去花梗，以免消耗营养，影响株型。对于留种母株，要减少摘心次数，让其在入冬前完成开花结实的过程。

❀ 繁殖方法

扦插法： 一年四季均可进行。剪取生长充实饱满的枝条，长度为10cm左右，去掉基部的叶子，插于沙床内，入土部分必须带有叶节，才能生根，如果温度、湿度适宜，10天左右即可生根。直接插在水中也可生根，待根长至10mm左右时，即可栽入盆中。

播种法： 一般4～5月进行。将盛有土的育苗盆放于水中浸透，把小粒种子播入土内，微覆薄土，用塑料薄膜覆盖，发芽适温为20℃～25℃，保持基质湿润，10天左右可发芽。出苗后，间苗1～2次。

❀ 病虫害防治要点

立枯病： 发病时茎基部产生暗褐色病斑，逐渐凹陷，病部缢缩，当病部扩展至绕茎一周时，植株呈直立状枯死，一般不倒伏。首先应避免高温高湿，栽培时加强基质消毒，发病初期用70%甲基托布津800倍液喷施。

灰霉病： 近地面的茎叶呈水渍状，逐渐变褐腐烂，并向上扩展，病部出现灰黄色霉层，严重时茎叶枯死。可在发现病叶后立即摘除，保持株间的良好通风透气性。发病初期喷洒50%多菌灵可湿性粉剂800倍液或65%的代森锌500倍液。

虫害： 夏季高温时，易受到介壳虫、红蜘蛛和白粉虱等为害，可用40%氧化乐果乳油1000倍液喷雾防治。

鹿角蕨

科属：鹿角蕨科鹿角蕨属
别名：蝙蝠蕨
原产地：澳大利亚
易种指数：★★★

鹿角蕨叶片别致，形似鹿角，充满异域风情，十分美丽。适合在庭院的凉棚里悬挂，是立体绿化的良好材料。还可用于点缀书房、客厅或卧室，也别有一番情趣。

养护技巧

光照：鹿角蕨喜散射光，畏强光，长期强光会使叶片黄化、灼伤，从而降低观赏价值。夏季切忌烈日直射，在室外养护应置于树阴或阴棚下。冬季可适当增加光照，以提高抗寒力。

温度：鹿角蕨喜温暖、不耐寒，生长适温为20℃～28℃。冬季室温最好不低于10℃，短时间能耐6℃的低温。夏季气温不要超过35℃，否则易引起叶尖干枯。

水分：蕨类植物都喜湿度大的环境，相对湿度最好为70%以上，空气干燥时，叶片易干枯。夏季生长旺盛期要多浇水，并经常向叶片及花盆周围喷水。栽培环境有较高的空气湿度，有利于营养叶和孢子叶的生长发育。冬季须放在室内养护，如果室温较低时，应少浇水，鹿角蕨在稍干燥状态下更能安全越冬。

土壤：栽培土可用腐叶土加入少量的蕨根、苔藓及腐熟饼肥做基质。每年应在成形鹿角蕨的盆篮中补充腐叶土或苔藓，以利于新孢子体的生长发育。

肥料：4～9月，每月施一次稀薄饼肥水。为了增加叶片的美观、肥厚，春季往叶上喷1～2次0.5%的磷酸二氢钾溶液。

繁殖方法

分株法：一般于4月下旬进行。从母株上选择健壮的鹿角蕨子株，用利刀沿角状的营养叶底部和四周轻轻切开，带上吸根，栽进盆或篮中，并盖上苔藓保湿，置于遮阴、温暖处。

孢子法：将泥炭和细沙经高温消毒后，装入播种盆内，压平。收集成熟孢子均匀撒入盆内，从盆底浸水后，盆口盖上塑料膜，并保持较高的室内温度。将播种盆放置在温暖湿润的环境里，

一般播后到孢子体长出新叶，需两个多月。在平时喷水过程中，喷水的压力不要过大，以免盆土表面被冲刷，影响孢子的发芽。

病虫害防治要点

叶斑病：可用65%代森锌可湿性粉剂800倍液喷洒防治。有些鹿角蕨较易感染真菌或细菌病害，应注意加强环境通风，不要浇水过量。

虫害：高温、通风差时，常有介壳虫和粉虱为害叶片，少量时可捕捉或用40%氧化乐果乳油1000倍液喷杀。

温馨提示

鹿角蕨叶面上的白色绒毛易脱落，要尽量避免用手触摸。

变叶木

科属：大戟科变叶木属
别名：洒金榕
原产地：马来西亚、东南亚等地
花期：5～6月
花语：变幻莫测
易种指数：★★★★☆

变叶木叶形多变，有长叶形、阔叶形、细叶形等。叶厚革质，绿色杂以黄、红、紫红及褐色等斑点或条纹。盆栽可布置客厅、会场、宾馆、礼堂等场所。在我国华南一带常用于花坛、绿篱、道路与庭院的绿化，其叶片也是插花的极好材料。

❀ 养护技巧

光照：变叶木喜充足的光照，除夏天需适当遮阴外，其他时间日光越充足，叶片越明亮鲜艳。

温度：变叶木喜高温高湿环境，夏季可适应30℃以上的高温，忌寒冷，18℃以上才能抽芽生长，气温低于12℃时叶片容易脱落，长期处于低温状态，叶片会掉光，甚至导致植株死亡。

水分：变叶木喜湿润，忌盆土太干燥和长期积水。4～8月是生长旺盛期，应给予充足的水分。尤其是夏季，每天旱晚要各浇一次水，还要经常向叶面喷水。秋末和冬季可减少浇水量。

土壤： 变叶木喜微酸且富含有机质的沙质壤土。北方盆栽5月上旬换盆、换土，培养土可用腐叶土5份、园土3份、河沙2份再加少量基肥配制。

肥料： 从4月中旬至10月，一般每半个月施一次腐熟的饼肥水或观叶植物液肥。肥水浓度以15%～20%为宜。忌用含氮量高的化肥。冬季室内温度较低时，应控制肥水，并适当修剪整形。

🌸 繁殖方法

扦插法： 小叶系的变叶木多用此法繁殖。一般4～6月份进行。选一年生半木质化的顶端枝条作插穗，长8～12cm，枝条具有2～3个节，保留顶部少许叶片，洗净切口，涂上草木灰，稍晾干后插入草炭土与沙混合的基质中，入土深度为2～3cm，并遮阴保湿。

高压法： 大叶系的变叶木多用此法繁殖。一般在6～7月进行。选取粗壮的枝条，首先用利刀在压条处进行环状剥皮，然后用湿润的苔藓包裹，再用塑料薄膜绑扎，给予保湿，3～5个月后，解开包扎物，从长根部位切断并立即上盆。上盆后放在荫蔽处培养。

🌸 病虫害防治要点

煤烟病： 发病初期病斑为绿黄色，后期生有黑色霉点，严重时叶面布满煤烟状物，影响光合作用。该病主要由介壳虫、蚜虫等传播。因此首先要以除虫为主，并及时清理病残叶。喷施50%退菌特1200倍液或70%甲基托布津等药剂进行防治，并及时喷杀虫剂，消灭介壳虫和蚜虫。

虫害： 介壳虫刺吸叶片和小枝条上的汁液，影响植株正常生长发育。在雌成虫明显膨大初期至初孵若虫介壳硬化之前，喷洒狂杀介800～1000倍液。有蚜虫和红蜘蛛为害时，可用40%的氧化乐果1500倍液喷雾进行防治。

🌸 温馨提示

变叶木茎叶的乳汁有毒，误食叶或其液汁，有腹痛、腹泻等中毒症状。家庭养护最好不要放在卧室内，修剪时戴上手套，修剪后及时洗手。

袖珍椰子

科属：棕榈科袖珍椰子属
别名：玲珑椰子
原产地：墨西哥和委内瑞拉
花期：春季
花语：生命力
易种指数：★★★★

袖珍椰子，四季常绿，娇小可爱，花叶俱美，是小型观叶植物中的珍品。中小型盆栽可用于装饰书房、办公室、会议室等地。

❀ 养护技巧

光照： 袖珍椰子喜半阴的环境，宜放在室内明亮散射光处养护。高温季节，在烈日下其叶色会变淡或发黄，甚至会产生焦叶及黄斑，失去观赏价值。冬季摆放于室内阳光充足处，可提高抗寒力。

温度： 袖珍椰子生长适温为20℃～32℃，耐寒力较强，温度低于13℃则生长缓慢，气温为6℃以上就能越冬。

水分： 袖珍椰子吸水力较强，生长期间需经常保持盆土湿润，但避免盆内长期积水。夏季空气干燥时，要经常向植株喷水，提高环境湿度，叶片会更加翠绿有光泽。冬季需保持盆土干燥，不干不浇，以利于越冬。

土壤：袖珍椰子喜肥沃、疏松、排水性好的土壤。盆土可用泥炭土2份、腐叶土2份、河沙1份加少许基肥（或腐熟饼肥）混合。

肥料：袖珍椰子对肥料要求不高，春、秋生长期，每1～2个月施一次腐熟的饼肥液或复合肥，小盆施5～8g，中盆施10g左右。如果每15天喷一次0.2%尿素加0.2%磷酸二氢钾溶液，则植株生长更健壮。夏季及冬季少施或不施肥。

修剪：每隔2～3年于春季换一次盆，结合分株添加新的营养土。生长期及时剪除枯枝、残叶，以保持植株美观。

床中，盖上塑料薄膜，以保温保湿。温度应控制在22℃～28℃，保持土壤湿润。幼苗3～4片叶子时，可将3%尿素溶液加少量硫酸钾混匀薄施。第二年春天可分苗上盆种植。幼苗小盆栽以3株为宜，中盆栽以5株为宜，上盆后浇透水，放置阴棚下养护。

🌸 病虫害防治要点

褐斑病：受害叶片初期有小圆形黑斑，后期扩大为近圆形，边缘黑褐色的病斑，中央有灰黑色小点，最后整个叶片脱落。可用70%托布津800倍液或50%多菌灵1000倍液防治。此外，要合理浇水，及时剪除病枝叶并烧毁，增施有机肥及磷、钾肥。

介壳虫：可用人工刮除，还可用氧化乐果1000倍液喷洒防治。

🍀 繁殖方法

播种法：目前可供播种繁殖的种子国内很少，大多从国外进口。一般春季播种，选择饱满大粒、新鲜的种子，洗净浆果，直接播于河沙和腐叶土混合的苗

🌸 温馨提示

袖珍椰子能吸收甲醛、苯、三氯乙烯等有害气体，起到净化空气的作用，非常适合摆放在刚装修好的居室里。

孔雀竹芋

科属：竹芋科肖竹芋属
别名：蓝花蕉
原产地：巴西
花语：美的光辉，美丽并且高傲
易种指数：★★★★☆

孔雀竹芋叶片美丽多彩，斑纹奇特，是非常漂亮、高雅的观叶植物，可放在儿童居室、小厅、窗台等地。

养护技巧

光照：孔雀竹芋喜半阴，5～9月生长期，要将其置于半阴处，保持50%

左右的透光率，避免烈日直射。冬季可接受通过玻璃的直射阳光。

温度：孔雀竹芋的生长适温为20℃～28℃，超过35℃，植株生长停滞，叶色变淡。冬季室温最好不低于15℃，低于10℃叶片易卷缩，叶尖发黄，低于5℃易受冻害，严重时会导致全株死亡。

水分：孔雀竹芋比较喜湿润，但盆内不能积水。生长期要给予充足的水分，尤其是春、夏季，除保持盆土湿润外，还须经常向叶面喷水。秋末后应控制浇水，以利于抗寒越冬。冬季应根据室内温度合理浇水。

土壤：孔雀竹芋喜肥沃、疏松、排水透气性好的微酸性土壤，在碱性的土壤中生长不良，忌用黏重的园土。可用腐叶土（或泥炭土）3份、锯末1份、沙子1份混合配制，并加少量腐熟的豆饼做基肥。

肥料：孔雀竹芋比较喜肥，生长期可每月施一次稀薄的液肥，氮、磷、钾比例应为2∶1∶1，可结合浇水进行，将肥料按倍数溶解在水中浇灌根部即可，但配制浓度不要过高，要薄肥勤施。冬季和夏季一般不施肥。

换盆：一般每2年换盆一次，可在5～6月份结合分株繁殖进行，如果盆显得较小时，可以换盆换土，如果盆不算小，尽量不要换土。

❀ 繁殖方法

分株法：一般在春季5～6月份结合换盆换土进行。分株时将母株从盆内扣出，除去宿土，用利刀沿地下根茎生长方向，将生长茂密的植株切开，要保证每株有2～3个蘖芽和6个以上叶片，并且要多带些根系，这样利于成活。切口处涂上木炭粉以防伤口腐烂，分切后立即上盆浇水，置半阴处缓苗。

❀ 病虫害防治要点

叶斑病：发病初期在叶片边缘附近或叶片中央形成黄色小斑点，并且逐渐扩大，颜色加深，转为黄褐色，病斑外围有比较明显的晕圈，随着病斑的扩展，叶片逐渐干枯、萎缩，以致脱落而死。要加强肥水管理。适当通风见光，降低环境的湿度，可预防此病。及时清除病、残叶以及杂草，减少侵染源。发病时可用50%多菌灵800倍液，每隔10天喷施一次。

介壳虫：一旦发现介壳虫，应及时用软毛刷或手将虫除掉，剪掉病虫叶集中烧毁，也可用50%氧化乐果1000倍液喷施，每隔10天一次，连喷2～3次。

❀ 温馨提示

孔雀竹芋净化空气的能力很强，它能清除空气中甲醛、氨气等有害气体，是净化、美化环境的首选花卉。

绿 萝

科属：天南星科藤芋属
别名：黄金葛
原产地：印度尼西亚所罗门群岛的热
　　带雨林
花语：坚韧善良，守望幸福
易种指数：★★★★★

绿萝是目前比较流行的室内绿化装饰植物之一。可在盆中立柱，其枝条犹如蛟龙攀援而上，趣味横生。也可置于家具的柜顶上，任其蔓茎从容下垂，飘逸洒脱。还可将枝条攀成各种造型，也别有情趣。

❀ 养护技巧

光照： 绿萝喜较强的散射光，也耐半阴。夏季忌阳光直射。通常每天接受4小时以上的散射光为好。

温度： 绿萝的生长适温为22℃～28℃。冬季气温保持在10℃以上可安全越冬，低于10℃，易发生黄叶、落叶现象。家庭养护时，注意叶片不要靠近供暖设备。

水分： 喜湿润的栽培环境和较大的空气湿度。夏季绿萝生长旺盛，最好每天向气生根和叶面喷雾数次。冬季室温较低时，绿萝处于休眠状态，应少浇水，保持盆土不干即可。把水晾晒到中午再浇比较好，水温过低容易损伤根部。

土壤：用疏松、富含有机质的微酸性和中性沙壤土为好。通常2～3年换盆一次，培养土可用腐叶土3份、园土2份、河沙1份混合再加少量的基肥。水栽也能生长。

肥料：春、秋生长旺季，每月施一次以氮肥为主的复合肥或饼肥水，用0.2%的尿素进行叶面施肥。冬季应停止施肥。

修剪：每年5～6月进行适当修剪，可促进基部茎干萌发新枝，使植株更加茂盛。绿萝整形时，需将一些攀附不到柱子而散开下垂的枝条小心地缠绕在柱子上，用细绳绑好固定。如果顶端枝条太长，远远超出柱子高度，可剪去多余部分。如果想要保持较高的长度，可以把新柱子添加在旧的柱子顶上，用铁条固定，以使其继续伸展。发现黄叶应及时修剪，以保持一定的观赏价值。

🌸 繁殖方法

扦插法：气温在20℃以上时均可进行。取茎顶端或基部的萌条，剪成10cm左右的一段，直接插入素沙或蛭石中，深度为插穗的1/3，浇透水，置荫蔽处养护，保持一定的湿度，生根后即可上盆，每盆栽3～4株。

🌼 病虫害防治要点

炭疽病：该病菌多为害叶片中段，发病初期，病部出现红褐色或黑褐色小脓疱状斑点，斑点周边有褪绿色晕圈，扩大后，呈长条形斑块，边缘为黑褐色，内部为黄褐色。要加强管理，施用有机肥。清除病叶集中烧毁。发病初期喷洒50%多菌灵600倍液或70%甲基托布津1000倍液。

🌸 温馨提示

绿萝的空气净化能力相当强，能吸收空气中的苯、甲醛、三氯乙烯等有害气体，非常适合在新装修的居室中摆放。将绿萝放在电脑附近还有防辐射的效果。但其汁液有毒，小朋友尽量不要接触它。

常春藤

科属：五加科常春藤属
别名：钻天风
原产地：欧洲
花期：9～11月
花语：结合的爱，忠实，友谊，永不
　　分离
易种指数：★★★★★

常春藤叶形、叶色变化多端，姿色俱佳。南方多栽于园林的荫蔽处，令其自然匍匐在地面上或者假山上，是极好的地被植物和垂直绿化材料。北方多盆栽，盆栽可绑扎各种支架，牵引整形，也可置于高处，任茎蔓下垂，十分迷人。

🌸 养护技巧

光照：常春藤喜光也耐阴，春季枝叶大量萌发时，要置于阳光下，接受充足的光照，这样长出的枝叶才会茂盛、粗壮。夏季宜在阴凉处养护，冬季在阳光下养护，可提高抗寒性。

温度：常春藤适宜生长温度为22℃～30℃，耐寒性较强，最低不低于5℃，冬季最好维持在10℃以上。在寒冷地带叶会呈红色，北方最好在有暖气的室内越冬。

水分：生长季节浇水要做到"见干见湿"，土壤不宜过湿，否则易引起烂根落叶。夏季高温季节，最好选择清晨或傍晚浇水。高温季节每天向叶片和地面喷水1～2次，可增加空气湿度。冬季则要减少浇水，若室内有暖气，也可进行叶面喷雾。

土壤：常春藤喜肥沃、排水良好的沙质壤土，不耐盐碱。盆栽常春藤长势较强，盆土可由园土4份、草木灰1份、少量基肥和河沙混合而成。选用草木灰，既可使盆土保持疏松透气，又可有较多钾肥来满足常春藤生长。

肥料：春、秋季节每半个月施一次复合肥料，其中氮、磷、钾比例为1：1：1。施有机肥时还需注意勿使肥液沾染叶片，以免引起叶片枯焦。向叶片上喷施0.2%的磷酸二氢钾1～2次，夏季和冬季一般不需施肥。

🌸 繁殖方法

扦插法：常春藤的节部在潮湿的空气中能自然生根，接触到地面以后即会自然生入土内，所以多用扦插法繁殖。扦插一般在春、秋季进行，剪取长约10cm的一二年生枝条作插条，插在粗沙和蛭石混合的基质中或直接插于具有疏松培养土的盆中，注意遮阴和保湿，20天左右便可长根发芽。

🐾 病虫害防治要点

常春藤病害很少，在高温或通风不良情况下有螨虫或蚜虫为害，一般可用肥皂水冲洗或喷40%氧化乐果1200倍液即可。

🌸 温馨提示

常春藤能有效抵制尼古丁中的致癌物质，通过叶片上的微小气孔，吸收其有害物质，并将之转化为无害的糖分与氨基酸，因此吸烟的朋友，家里很适合摆放常春藤。

科属：百合科吊兰属
别名：葡萄兰
原产地：南非
花期：5月
花语：无奈而又给人希望
易种指数：★★★★★

　　吊兰叶片细长轻柔，高雅清秀，其顶端萌生出有气生根的小吊兰，匍匐下垂，凭空飘挂，形成独立景观。吊兰适合在卧室、书房、办公室等地摆放。

🌼 养护技巧

光照：吊兰喜半阴，夏季最好在阴凉、通风的地方养护。忌阳光直晒，强烈

的日光照射会使吊兰叶片变黄、皱缩、焦边。冬季可适当见光。春、秋季可放在明亮的室内，接受散射光的照射。

温度：吊兰最佳生长温度为22℃～28℃，冬季要放在15℃左右的室内培养，以免受冻害。吊兰喜温暖湿润的环境，耐寒性较差，在10℃以上才能安全越冬，连续数天在10℃以下就会导致落叶，5℃以下会枯死。

水分：吊兰肉质根有发达的贮水组织，抗旱力较强，但浇水过少会导致其叶

片干尖。4～10月为生长旺盛期，需水量较大，要经常浇水及喷雾。冬季应减少浇水，浇水应做到"见干见湿"。如果吊兰上尘土较多，既不美观，又影响光合作用，平时可常用清水喷浇叶面，保持叶面清洁湿润。

土壤：吊兰最好用疏松、肥沃的沙质壤土栽培，可用腐叶土2份、细沙1份、园土1份混合配制，并加入少量基肥做培养土。

肥料：生长期每1～2个月施一次稀薄的液肥。肥料以氮肥为主，但金心和金边品种，应少施氮肥。定植时可在花盆底部施用10g左右的马蹄片做基肥，效果更好。

换盆：最好每2～3年换盆一次，重新调制培养土。一般在每年的3月份进行，将植株从盆中磕出，剪去枯根和多余的根系，换上新的富含腐殖质的培养土，并加入碎骨片或腐熟的饼肥做基肥。栽好后，放在半阴温暖处缓苗。

🌸 繁殖方法

分株法：盆栽2～3年的植株，在春季换盆时，将密集的植株去掉旧培养土，分成2至数丛，分别上盆栽种，成为新株。分株后，放在温暖、遮阴的地方，并保持盆土湿润。

扦插法：春到秋季均可进行。剪取长有新芽的匍匐茎5～10cm，插入培养土中，约一周即可生根，20天左右可移栽上盆，浇透水放阴凉处养护。

分生法：可把长在匍匐茎端带有气生根的小株丛剪下来，放在瓶中水养，等长出白根，再种植在花盆里。

🌸 病虫害防治要点

根腐病：可用75%百菌清可湿性粉剂800倍液或50%多菌灵可湿性粉剂1000倍液防治，同时要减少浇水，加强通风。

虫害：如果有介壳虫、红蜘蛛、粉虱的为害，可用40%氧化乐果1500倍液喷洒。

🌸 温馨提示

吊兰能吸收空气中的甲醛、二氧化碳、二氧化硫、氮氧化物等有害气体，起到净化空气的作用。吊兰的根和全草均可入药，有清热解毒、化痰止咳、消肿散瘀的作用。

冷水花

科属：荨麻科冷水花属
别名：透明草
原产地：越南中部山区
花期：7～9月
易种指数：★★★★

花叶冷水花是目前比较流行的小型观叶植物。其株丛小巧，叶片清新素雅，斑纹美丽，炎热的夏季能给人以凉爽的感觉，适合在书房、卧室、办公室等处摆放。

养护技巧

光照：冷水花喜欢半阴的环境，有较强的耐阴性，适宜在散射光下生长，忌强光照射。春、夏、秋三季宜在背阴处下养护，冬季可适当见光。光照管理好是养好冷水花的关键。

温度：冷水花的生长适温为18℃～28℃，花叶冷水花比较耐寒。冬季室温低于6℃会受冻害，放在有供暖设备的室内都能安全越冬。

水分：冷水花喜湿润，生长期需保持盆土湿润和较高的空气湿度（最好在60%左右）。干旱季节可直接向叶面及周围喷水。冬季低温时生长缓慢，浇水不宜过量。浇水应掌握"见干见湿"的原则，忌盆内积水。

土壤：冷水花喜疏松、肥沃、排水良好的土壤，培养土可用腐叶土5份、泥炭土3份、河沙2份再加少量基肥混合配制。

肥料：生长期可每月追施稀薄的液肥1～2次，不可偏施氮肥，可用磷酸二氢钾溶液或有机肥。秋后增施磷、钾肥，可使茎秆粗壮，防止倒伏。但要注意不要将肥料触及叶面，最好施肥后用水喷洒叶面，洗去叶面上可能沾到的肥料。冬季一般不施肥。

修剪： 冷水花生长快，一般每年春季换盆一次。冷水花株高 40cm 左右时，茎秆开始向四周倒伏，为使下部的腋芽萌发新枝，应随时剪短主枝和侧枝，以促进更多新枝萌发，使株丛茂密紧凑。注意不可修剪过分，否则易导致叶片小而多，影响美观。

❀ 繁殖方法

扦插法： 扦插一般在 4～5 月份进行。选取生长旺盛的枝条，剪取茎先端长 8cm 左右作插穗，去掉下部叶片数枚，保留先端 2 片叶子，直接插入蛭石或素沙中，入土深度不宜超过 3cm。置于半阴处，温度控制在 20℃～25℃，保持盆土湿润，成活率 75% 左右。

分株法： 由于冷水花的丛生性很强，春季可结合翻盆换土来进行分株繁殖。把植株分成几份分别上盆栽种，同时将老茎短截，保留茎干基部 2～3 节，成活后腋芽很快就可萌发而抽生新的侧枝。

❀ 病虫害防治要点

叶斑病： 发病前可喷洒 200 倍波尔多液预防。发病后喷洒 50% 托布津可湿性粉剂 600 倍液。同时加强通风，控制浇水。

虫害： 在通风不良的情况下，冷水花易遭受蚜虫和介壳虫的为害。应及时刮除或用肥皂水清洗，严重时可用 40% 氧化乐果 1500 倍液喷施。发现根瘤线虫，可用 3% 呋喃丹防治。

❀ 温馨提示

冷水花可以吸收甲醛、硫化氢等有毒气体，适合室内摆放。冷水花全草可入药，具有清热利湿、健脾和胃、消肿散结的功效。

西瓜皮椒草

科属：胡椒科草胡椒属
别名：豆瓣绿椒草
原产地：南美洲和热带地区
花语：吉祥如意
易种指数：★★★★

西瓜皮椒草株型矮小，叶片翠绿娇嫩，叶片上的花纹如西瓜皮，雅洁晶莹。无论是盆栽还是吊挂欣赏都有很强的装饰性，常用于布置窗台、书案、茶几、橱柜等处。尤其是夏季，置于室内，能给人以清凉的感觉。

❀ 养护技巧

光照：西瓜皮椒草喜半阴，平时可放在室内明亮散射光处养护，切忌强光直射，但不能过于荫蔽。夏季要遮阳70%以上，否则易引起叶片灼伤。春、秋季节最好在室外通风良好且又略见阳光处。冬季可增加光照，以提高抗寒力。

温度：生长最佳温度为20℃～28℃，越冬温度不能低于10℃，夏季气温最好控制在32℃之内。

水分：生长期要保持土壤微湿润，但忌积水，以防引起根茎腐烂。夏季气温高，可1～2天浇水一次，并经常给叶面喷雾，保持叶面湿润和较高的环境湿度。冬季温度稍低时，应控制浇水，让盆土干湿交替。

土壤：西瓜皮椒草喜疏松、肥沃、排水透气良好的土壤。栽培土壤可用腐叶土、园土、河沙等量混合，再加入腐熟的牛粪做基肥。

肥料：生长期每月施一次稀薄的饼肥水或全元素化肥。施肥时应注意各元素的均衡配比。施氮肥过多或缺乏磷肥时，易引起叶面斑纹消失。施肥应掌握"薄肥勤施"的原则。

换盆：一般1～2年换盆一次，盆栽容器宜选用质地粗糙、透水性较强的瓦盆或粗砂盆。

❀ 繁殖方法

叶插法：一般于春季进行，如果室内温度达到22℃，可四季扦插。将带叶柄的叶片剪下，晾2～3小时后，斜插于沙床或疏松的基质中。1个月左右即可生出不定根和不定芽，2个月左右即可长成小苗。在苗高3～5cm时，移栽到营养土中。

枝插法：枝插一般在春季进行。选取健壮的枝条，剪取6cm左右的插穗，去除下部叶片，晾干剪口，然后插入湿润的沙床中。在半阴下，保持22℃左右，20天左右即可生根。

分株法：一般春、秋季结合换盆时进行。分株时要剪除部分叶片，以防止萎蔫，保证成活率。选取母株根基处发有新芽的植株，抖去多余的根土，用利刀根据新芽的位置，在母株上切

取带顶尖并有根的枝条，分株时注意保护好母株和新芽的根系。将植株直接用培养土栽种，浇透水，放荫蔽处便可。

❀ 病虫害防治要点

叶斑病：发病初期，可喷洒2%硫酸亚铁1000倍液。发病后期可喷洒50%多菌灵1000倍液或70%托布津1000倍液。

根腐病：土壤过湿，甚至积水时，易引发根腐病。应及时排水或换盆，改善土质，选择疏松、透气、排水良好的土壤栽培，并控制浇水量。

虫害：主要有红蜘蛛、介壳虫为害，喷施杀虫剂即可，如三氯杀螨醇、马拉松可防治红蜘蛛，养化乐果可防治介壳虫。

鸟巢蕨

科属：铁角蕨科巢蕨属
别名：老鹰翅
原产地：亚热带地区
花语：吉祥，富贵，清香长绿
易种指数：★★★

鸟巢蕨叶色娇嫩，姿态优美，极像一个绿色的花篮，可以在上面插上美丽的鲜花，放在室内，别有情趣。叶形美丽挺直，不易干枯，是插花的良好材料，也可盆栽或吊盆栽种，布置光线明亮的客厅、居室、会议室等场所，会使室内充满生机和活力。

❀ 养护技巧

光照：鸟巢蕨不耐强烈的光照，平时可放在室内光线明亮处或半阴处养护。栽培中应注意控制光照，夏季一定要放在阴凉的地方养护，冬季可适当增加光照。

温度：生长最适宜的温度为 20℃～26℃。冬季放在室内光照充足处，温度保持 15℃ 以上，植株可继续生长。室温低于 10℃，生长缓慢或停滞，低于 5℃，易受冻害。

水分：生长期要勤浇水，保持土壤湿润，但要避免盆土积水。春、夏季一般空气湿度保持在 70% 左右。夏季为降温增湿，应经常向植株及周围环境洒水，以免空气过于干燥。北方 10 月以后，要减少浇水。

土壤： 鸟巢蕨是附生型蕨类，所以栽培时一般不能用普通的培养土，可用树皮块、苔藓、蕨根、碎木屑、椰子糠等为盆栽基质。

肥料： 生长期每半个月施一次腐熟的稀薄液肥。复合肥以氮、钾肥为主，不可施用浓肥与生肥。

❀ 繁殖方法

分株法： 一般于4月中下旬结合换盆进行。选生长旺盛、叶片密集的植株，将丛生的植株连叶带根分切成若干丛，每丛带5～7片叶子，将株丛分别栽于花盆中，置于荫蔽处养护。环境温度控制在20℃～25℃，注意保持空气湿润，但土壤不可过于潮湿，否则易腐烂，直到有新叶长出，证明已成活。

孢子法： 一般在5～6月份进行。待成熟的叶片背面长出褐色的孢子囊时，将长有孢子囊的叶片切下，放在透气的纸袋中，等叶子枯萎时，孢子从囊中释放出，将细沙和腐殖土搅拌均匀，经高温消毒后，装入播种盆内压平。将孢子均匀地撒在盆土上，然后连盆浸入浅水中，利用渗透作用，使盆土充分湿润，盖上塑料薄膜，并将其置于温暖、荫蔽处。7～10天孢子即可萌发，经1个月左右，会长出绿色的原叶体，幼苗有3～5片叶子时，就可以上盆了。也可将湿润的泥炭苔放在成熟的植株附近，让孢子自然下落萌芽。

❀ 病虫害防治要点

炭疽病： 病斑初为淡褐色小斑点，以后逐渐扩大，变成黄褐色至褐色，病斑中央为灰白色，生有许多褐色小点。要及时摘除病叶集中销毁。增施磷、钾肥。加强管理，降低空气湿度，使环境通风透光。发病初期用70%托布津800倍液或75%百菌清600倍液喷施。

红蜘蛛： 高温、空气干燥时，会有红蜘蛛为害鸟巢蕨，可用40%氧化乐果或50%马拉松乳剂1200倍液喷雾。

一叶兰

科属：百合科蜘蛛抱蛋属
别名：一帆青
原产地：我国海南岛、台湾等地
花期：4～5月
花语：天长地久，独一无二的你
易种指数：★★★

一叶兰叶柄长，一叶一柄，故名一叶兰。一叶兰植株挺拔，叶色青绿光亮，是优良的喜阴观叶植物。它适合在家庭及办公室里摆放，也是商场、展厅、会场绿化装饰的好材料，还是现代插花极佳的配叶材料。

🌸 养护技巧

光照：一叶兰喜半阴，适合在室内明亮的地方生长，忌阳光直射。长期置于过于阴暗的环境，不利于新叶的萌发和生长，最好每隔一段时间，将其移到光线明亮的地方养护。

温度：一叶兰性喜温暖湿润，较耐寒，生长适温为18℃～26℃，越冬温度不宜低于5℃。夏季的温度太高时，生长缓慢或停滞。

水分：一叶兰喜湿度大的栽培环境，生长期要充分浇水，保持盆土湿润，并经常向叶面喷水增湿。秋末、冬季要减少浇水量，并停止施肥。

土壤：一叶兰对土壤要求不严，盆栽以疏松、肥沃的微酸性沙质壤土为好。盆土可采用腐叶土3份、园土1份、河沙1份。再加入少量有机肥均匀混合。

肥料：生长旺季每月施液肥1～2次。复合肥氮、磷、钾的比例是2：1：1，叶面有斑点或条纹的品种，氮、磷、钾的施肥比例以2：3：3为宜。施肥用量做到"宁少勿多"，施肥过量容易烧根。

❀ 繁殖方法

分株法：一般结合春季翻盆换土时进行。先将植株从盆中脱出，剔去宿土，并剪除老根及枯黄叶片，用利刀分成数丛，使每丛带3～6片叶子，并多带些新芽，然后分别上盆种植。栽时注意扶正叶片，种植不要太深，栽后置于半阴环境下养护，以后保持盆土湿润。一般分株2年便可长成丰满的植株。

❀ 病虫害防治要点

叶斑病：病害常发生在叶部，发病初期叶面有黄色小点，以后逐渐形成圆形病斑。浇水、施肥时避免洒在叶面上；避免发生冻伤；喷洒50%多菌灵或70%托布津1000倍液，每隔10天左右喷洒一次，连喷2～3次。

炭疽病：一般不会对植株生长造成严重影响，但对其切叶的品种影响较大。要及时摘除病叶。少施氮肥，多施磷、钾肥。对于刚发病的植株，可喷洒70%托布津可湿性粉剂1000倍液或65%代森锌可湿性粉剂800倍液。

介壳虫：数量少时可用抹布抹去，也可用50%氧化乐果或50%马拉硫磷1000倍液防治。此外，摆放在通风透光的地方能减少发病率。

❀ 温馨提示

一叶兰的根状茎可入药，有活血散瘀、补虚止咳的功效。有助于治疗跌打损伤、风湿筋骨痛、腰痛、肺虚咳嗽、咯血等疾病。

朱 蕉

科属：龙舌兰科朱蕉属

别名：铁莲草

原产地：亚洲、非洲热带地区及中国
　　西南部

花期：11月至转年3月

花语：青春永驻，赏心悦目

易种指数：★★★★

　　朱蕉姿态优雅，叶色绚丽多彩，可用于装饰宾馆、酒吧、客厅等场所，以增添欢快的气氛，是室内绿化的良好材料。

❀ 养护技巧

光照：朱蕉喜散射光，忌强光。北方温室栽培，5～10月需遮光60%。家庭养植宜放在靠近窗户有明亮光线的地方。夏季避免阳光直射，宜放在树阴处养护。冬季可多见阳光，以提高抗寒力。

温度：朱蕉喜温暖湿润的环境，耐寒力差，生长适温为22℃～28℃，室温须保持在10℃以上才能越冬。冬季盆栽要移至温暖避风、向阳处养护。

水分：生长季节要充分浇水，特别是夏季除每天浇水外，还要向叶面和地面喷水1～2次，空气湿度以50%～60%为宜。冬季浇水量要减少，盆土保持稍干为宜。

土壤： 盆栽每1～2年换一次土，要求疏松、排水良好的沙质土壤，一般采用泥炭土、腐叶土与1/3的河沙或珍珠岩混合，再加入少量腐熟的干牛粪做基肥。

肥料： 生长旺盛期每月追肥一次以氮肥为主的薄肥水。豆饼、油粕类液肥，肥效较长，可每2～3个月施用一次。夏、冬季一般不施肥。

修剪： 每年春季修剪整枝一次。盆栽多年的老株，随着植株长高，老叶逐渐脱落，茎干下部光秃，影响观赏效果，可在春季，结合采条扦插，将主茎短截，短截后加强肥水管理，促进新枝萌芽，使株型丰满。

🌸 繁殖方法

扦插法： 朱蕉繁殖以扦插为主，一般在春或秋季进行。剪茎顶或成熟枝条，每段8～12cm，待切口稍干后，插于沙土或蛭石中，保持较高的湿度，放在半阴处，温度25℃左右，约1个月即可生根。

🌸 病虫害防治要点

炭疽病： 加强通风透光，及时摘除带病叶片集中烧毁，以减少病源。发病后可用65%代森锌800倍液或50%多菌灵600倍液，每隔5～7天喷一次，连喷2～3次。

介壳虫： 通风不良的环境下，植株易生介壳虫，可用50%氧化乐果或80%敌敌畏乳油1000倍液喷杀，每5～7天喷一次，连喷2～3次。

🌸 温馨提示

朱蕉是药用植物，其花、叶、根均可入药，有清热、止血、散瘀的功效。

酒瓶兰

科属：龙舌兰科酒瓶兰属
别名：象腿树
原产地：墨西哥东南部
花语：落落大方
易种指数：★★★

酒瓶兰茎似酒瓶形状，外形奇特，叶片细长下垂，优雅美观，是热带观叶植物中的佳品。幼苗盆栽可点缀办公室、客厅、书房等地。大中型盆栽适于宾馆、商场、酒楼等公共场所摆放。

❀ 养护技巧

光照：酒瓶兰喜日照充足的环境，也有一定的耐阴能力。如果光线不足，叶片生长柔弱，植株生长不健壮。但夏季要适当遮阴，否则叶尖枯焦、叶色发黄。

温度：酒瓶兰适宜的生长温度为20℃～28℃，能耐34℃的高温。有较强的耐寒能力，在5℃以上可安全越冬。

水分：酒瓶兰膨大的茎部可贮存一定的水分，因此有较强的耐旱能力。浇水掌握"宁干勿湿"的原则，盆内忌积水。夏季天气干燥，可充分浇水，并向叶面喷水。秋末后气温下降，应减少浇水量，以提高树体抗寒力。冬季控制浇水，最好不干不浇。

土壤：酒瓶兰喜肥沃、排水通气良好、富含腐殖质的沙质壤土，盆土可用腐叶土2份、园土1份和河沙1份及少量草木灰混合。

肥料：生长期每月施一次液肥或复合肥，以促进茎基部膨大。施肥时注意增施磷、钾肥，氮、磷、钾的比例以1：2：1为好。施肥时，不可施生肥和浓肥，冬季停止施肥。

换盆：每隔2～3年于春季换盆一次，在春季新叶尚未大量萌发之前进行。换盆时去除周围旧土，换大一号的盆。可选用高腰盆，盆径不宜太大，以口径比植株的茎干基部直径大1/3为好。栽培用土可加些豆饼之类的基肥。换盆时不要露根，也不宜种得过深，膨大的茎部最好全部露出土面，换盆后要充分浇水。

❀ 繁殖方法

播种法：种子多从产地进口。播种一般在4～5月份进行。将种子撒播在腐叶土和河沙混合的基质中，保持土壤微湿润，温度在20℃～26℃，半阴环境中，经1～2个月即可发芽。苗高4～5cm时盆栽，小植株生长过程中，应加强肥水管理，勤施薄施液肥，并增施钾肥，以促进茎部膨大充实。

扦插法：生长多年的植株有时会在茎基部自然萌生小芽，将幼芽掰下稍晾干后插于沙床内，上面覆盖薄膜保湿保温。

❀ 病虫害防治要点

酒瓶兰生性强健，有较强的免疫力，极少发生病虫害。夏季高温、干旱，偶有介壳虫与红蜘蛛发生。入夏后须将植株放在空气流通处，并经常向植株及地面喷水，以降低温度，增加空气湿度。一旦发生虫害，红蜘蛛可用20%三氯杀螨醇1000倍液喷杀，介壳虫可用50%杀螟松1200倍液喷杀。

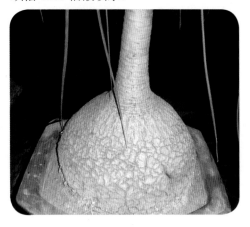

马拉巴栗

科属：木棉科巴栗属

别名：发财树

原产地：墨西哥

花语：招财进宝，财源滚滚，兴旺发达

易种指数：★★★★☆

马拉巴栗树姿幽雅，树干新颖，掌状复叶鲜嫩翠绿，有"发财"之寓意。可用于各大宾馆、饭店、商场及家庭等场所的室内绿化装饰，是一种良好的室内观赏植物。

🌸 养护技巧

光照： 马拉巴栗喜半阴。夏季需遮阴，冬季多晒太阳，可使叶芽翠绿，株型紧凑丰满。如果在室内摆放时间较长，不可直接置于阳光下，应先放在半阴处养护一周左右，适应后逐渐增加光照。

温度： 马拉巴栗最佳生长温度为18℃～28℃，温度低于10℃也能生长，低于5℃易受冻害，轻者造成落叶，重者可造成死亡。

水分： 马拉巴栗茎干能贮存水分和养分。4～10月生长期，水分蒸发大，可适当增加浇水量,但盆内又不能长期过湿,所以应少浇水多喷水。秋末、冬季应减少浇水,做到"不干不浇"。

土壤: 马拉巴栗喜肥沃、排水良好、弱酸性的土壤,怕盐碱。盆栽一般用小盆,如果盆太大,肥水充足,极易徒长。盆土可用泥炭土3份、腐叶土4份、河沙2份混合,再加入少量腐熟饼肥配成。

肥料: 生长期每月施少量腐熟饼肥水或麻酱肥。家庭栽培可每1～2个月施氮、磷、钾为主的复合肥一次,每盆6～8g,以薄施为好。入秋后施1～2次磷、钾肥,可使茎干膨大,并提高植株的抗寒能力。冬季植株逐渐进入休眠状态,应停止施肥。

整形修剪: 春季应修枝剪叶一次,以促使枝叶更新。小苗上盆后,为使株型丰满,应及时摘心。地栽长到1.2～1.5m高时,可3株、5株或7株编辫,然后用铁线扎紧固定成直立辫状形,然后继续种于地上或盆栽养护,可提高观赏价值。

❀ 繁殖方法

扦插法: 一般在春季进行。可利用植株截顶时剪下的枝条,剪取10～15cm长,插入湿润的蛭石或粗沙中,保持一定湿度。但扦插苗基部难以形成膨大根茎,所以观赏价值不如播种苗高。

播种法: 最好用新鲜的种子,出苗率才高。秋天种子成熟后采摘,将种壳去除后,立即播种。播种后覆盖厚1.5～2cm的细土,盖上塑料薄膜,然后放置半阴处。当苗高2cm左右时间苗,使树苗均匀生长。实生苗生长迅速,苗期要薄施氮肥和磷、钾肥2～3次,以促使茎干基部膨大。

❀ 病虫害防治要点

茎腐病: 茎部表皮发黑或露出黑色丝状纤维。可在发病初期喷洒50%杀菌王水溶性粉剂1000倍液,每隔10天喷一次,连喷2～3次。

炭疽病: 发病初期可喷洒65%代森锌800倍液或50%多菌灵600倍液,每隔一周喷一次,连喷2～3次。经常清除病枝病叶,并集中销毁。

虫害: 如有红蜘蛛、菜青虫、蚜虫为害,可定期喷施50%敌敌畏1200倍液或40%氧化乐果1000倍液。夏季中午高温时不宜施药,防止中毒。

散尾葵

科属：棕榈科散尾葵属
别名：黄椰子
原产地：马达加斯加
花期：3～5月
花语：柔美
易种指数：★★★★☆

散尾葵姿态优美，枝叶舒展，叶片略下垂。大盆可布置门庭、走廊、楼梯、商场等场地，中小盆可布置客厅、书房、卧室、会议室。可使环境充满热带风情，极富有大自然的气息。

🍀 养护技巧

光照：散尾葵喜半阴的环境，怕强光暴晒。室内栽培观赏宜置于散射光处养护。夏季忌阳光直晒，短时间的暴晒也会出现叶片发黄和焦尖、焦边等现象，并且很难恢复。冬季在阳光下生长，可提高抗寒力。

温度：散尾葵生长适温为25℃～32℃，越冬温度应在10℃以上，若低于5℃，植株会受冻害，甚至死亡。若室温太低，叶片发黄，叶尖干枯，并导致根部受损，影响来年的生长。冬季最好在温暖、避风的环境里养护。

水分：4～10月应充分浇水，浇水应掌握"干透浇透"的原则，切忌盆土积水，以免引起烂根。炎热的夏季最好每天浇水，并对叶面和植株四周喷水。秋后和冬季应减少浇水，并做好保温工作，如果冬季室内有暖气，温室过于干燥，也可向叶面喷水。

土壤：盆栽可用腐殖土或泥炭土加1/3的河沙，再加少量腐熟的基肥配制成培养土。

施肥：生长期每月施一次观叶植物液肥或稀薄的饼肥水，也可以用迟效性复合肥。施肥时加入少量的硫酸亚铁，为植株提供养分的同时，也可调节土壤的酸碱度，使散尾葵的枝叶更加翠绿。

换盆：每2～3年春季换盆一次，换盆时，应清除枯枝残叶，剪去过于密集的株丛，以利于新株丛的萌发，保持优美的株型。换盆后，应放置在半阴、空气湿度较高的地方养护。

🌸 繁殖方法

分株法：一般于春季结合换盆时进行。选基部分蘖多的植株，去掉部分旧盆土，用锋利的刀子从基部连接处将其分割成数丛，每丛须有2～3株，保留较多的根系，以利于成活。分株后分别上盆栽种，温度控制在20℃～25℃，遮光50%，并经常喷水，以利于恢复生长。

🌸 病虫害防治要点

叶枯病：开始叶缘或叶面上产生病斑，形状不规则，中央灰白色，后期病叶干枯出现黑褐色粒状物。发现病叶及时剪除，加强环境通风。发病初期喷施70%甲基托布津可湿性粉剂1000倍液或40%百菌清悬浮剂600倍液。

根腐病：湿度过大，盆内长期积水，易感染根腐病，感病初期植株抽梢减少，枝条细弱，叶小而色淡，树势差。可在分株时用利刀分开植株，并涂木炭粉或硫黄粉消毒伤口，再上盆栽植，盆土用不含病残体组织的新土栽种。发病初期浇灌50%多菌灵可湿性粉剂500倍液。

虫害：应定期用800倍的氧化乐果喷洒防治。加强环境通风，植株强壮、叶面清洁可减少虫害发生。

🌸 温馨提示

散尾葵能有效去除空气中的苯、二甲苯、三氯乙烯、甲醛等有害物质，起到净化空气的作用。散尾葵还有蒸发水气的功能，如果在居室内摆放一棵散尾葵，能有效提高室内空气湿度。

富贵竹

科属： 龙舌兰科龙血树属
别名： 万寿竹
原产地： 加那利群岛及亚洲和非洲的
　　　　热带地区
花语： 花开富贵，竹报平安，大吉大利，
　　　　富贵一生
易种指数： ★★★★

　　常见的栽培品种有金边富贵竹、银边富贵竹、青叶富贵竹。富贵竹既可盆栽也可水养，是目前比较流行、时尚的室内观叶花卉。小型盆栽，可用于布置客厅、卧室、书房等处。

❀ 养护技巧

光照： 富贵竹对光照要求不严，喜光也能耐阴。适宜在明亮散射光下生长。夏季要避免烈日直射。

温度： 富贵竹性喜温暖，生长适温为22℃～30℃，当气温降至10℃时应移入室内管理。

水分： 生长期应保持盆土湿润，并经常向叶面喷水，以保持较高的环境湿度。冬季要减少浇水，放在阳光充足的地方养护，同时注意做好防寒工作。

土壤：富贵竹喜排水良好的沙质壤土。盆土可用腐叶土、园土和河沙等量混合种植，掺入少量碎鸡蛋壳，忌用黏土或碱性土栽种。

肥料：生长旺盛的 5～10 月，每月施液肥或颗粒状复合肥一次，以保持叶片青翠光亮。

换土：每年春季翻盆换土一次，翻盆换土时加入腐熟的有机肥或复合肥，并在盆底放一层碎瓦块，以利透气、排水，并可防止烂根。

🌸 繁殖方法

水培法：要选择植株健壮、直立、无病虫害的枝条。首先将枝条的基部削成平滑的斜面，以利于枝条吸水，然后再插入盛有洁净水的花瓶中，水深 5～10cm 为宜，要将枝条入水部分的叶片、叶鞘剪掉，防止叶片腐烂后污染水质。插后 10 天内不要移动位置或改变方向，15 天左右，富贵竹会长出白根。长出新根后，可加入少量的营养液，但施肥不能过多。叶片要常冲洗，除掉灰尘，可增强植株的光合作用。不要将富贵竹摆放在空调、电风扇常吹到的地方。

扦插法：可在春季结合修剪进行。将长势较好的富贵竹，截下几支茎干，剪成 6～10cm 的茎节，剪掉下部叶片，保留上部叶片，或者剪取植株基部，分生出来的带茎尖的分枝，然后插于另一有培养土的花盆中，浇透水，保持基质湿润，放到室内阳光不直射的地方养护。

🌸 病虫害防治要点

炭疽病：可用 65% 代森锌 600 倍液或 70% 甲基托布津 1000 倍液喷施防治，每 5～7 天一次，连喷 3～4 次。剪除病叶集中烧毁，浇水不要淋湿叶片。将植株放在通风透光处养护，可预防此病。

八角金盘

科属：五加科八角金盘属

别名：八金盘

原产地：我国台湾地区、朝鲜及日本
　南部等地

花期：10 ～ 11 月

花语：八方来财，聚四方才气，更上
　一层

易种指数：★★★★☆

八角金盘叶片掌状，叶大光亮，叶形奇特，姿态壮丽，似巨大的手掌，充满生机与活力。它四季常青，株型高大优美，叶色多变，对有害气体有较强的抗性，适于在室内光线较弱的环境里生长，可布置厅堂、楼梯转角、宾馆、会议室、礼堂等处。

养护技巧

光照： 八角金盘喜明亮有散射光的地方，要避免烈日直射。夏季宜放在朝北的房间或在室外阴凉的地方养护。八角金盘虽然耐阴，但生长期长时间置于室内光线阴暗处，叶色会变黄、叶质变薄。因此在室内摆放一段时间后，应放置到室外见光透风处。冬季适当增加光照，叶色会更加翠绿。

温度： 八角金盘喜温暖湿润的环境，最佳生长温度为22℃～28℃，越冬温度15℃以上为宜，最低不应低于5℃。当气温达到35℃以上时，如果通风不良，叶缘常会焦枯。

水分： 春、夏季，植株叶片大，水分蒸发量也大，因此浇水量要大些，盆土宜偏湿，早晨浇水要充足。空气过于干燥时，还应向植株及周围的地面喷水。冬季应减少浇水次数，注意防寒。

土壤：八角金盘喜肥沃、疏松且排水良好的微酸性土壤。盆土可用腐殖土3份、泥炭土3份、细沙2份混合加少量基肥配制。

肥料：在4～10月生长期，每月施一次20%～30%的腐熟饼肥水或麻酱渣肥，施肥时盆土宜稍干，以利于植株吸收。

修剪：为保持株型优美，可在春季进行修剪。花后若不想留种子，可剪去花梗，以减少养分消耗。

🌸 繁殖方法

扦插法：一般在4～5月份进行。选二三年生粗壮侧枝（要带有顶芽），带2～3片叶子，长10cm左右，在插穗下部的节下0.5cm处，用刀截断，插入沙或蛭石中，注意遮阴，天气炎热干燥时，可每天向叶面喷雾数次。

分株法：可结合春季换盆进行。将根部长出的蘖芽，用利刀连根切下另栽，或将长满盆的植株从盆内扣出，将生长不良的根系剪掉，然后把原植株用利刀分切成数株，重新上盆栽种，栽后放置在通风、荫蔽、温暖的地方养护。为提高成活率，分株繁殖一定要随分随种。

🌸 病虫害防治要点

叶斑病：可在发病初期喷洒波尔多液或用50%多菌灵可湿性粉剂1000倍液防治。

虫害：有介壳虫为害，可用50%杀螟松乳油1500倍液喷杀。有螨类、蚜虫为害时，应及时摘除受害叶片或抹去蚜虫，严重时可用0.1%阿维菌素1000～2000倍液喷雾防治。

春羽

科属：天南星科喜林芋属
别名：羽裂喜林芋
原产地：巴西、巴拉圭等地
花期：春季
花语：友谊天长地久
易种指数：★★★★☆

春羽株型优美，叶片巨大，叶形奇特，有发达的气生根。整体观赏效果好，给人以一种豪放自由、挺拔清秀的感觉。适合摆放在宾馆的大厅、会议室、办公室及家庭的客厅、书房等处。

❀ 养护技巧

光照：春羽对光线要求不严，但在光线太暗的地方栽培，不利于其生长。夏、秋季避免阳光直射，可放在树阴或遮阳网下，以免灼伤叶片。室内养护可放在阳光不直射的明亮处。冬季可放在阳光充足处，以提高抗寒力。

温度：春羽生长适温为22℃～28℃，耐寒力较强，越冬温度最好高于8℃，最低能耐5℃的低温。

水分：春羽喜湿润的环境，生长期注意保持盆土湿润。夏季里，每天可向叶片或花盆四周喷水，保持较高的空气湿度。冬季气温逐渐降低，应减少浇水次数。春羽虽然喜欢高温高湿，但对北方冬季室内干燥的环境也有较强的适应能力。

土壤：春羽喜肥沃、疏松、排水良好的微酸性土壤，盆土可用腐叶土（或泥炭土）、园土和河沙等量混合作为栽培基质。上盆或换盆时，盆底部垫一些蹄角片或油渣做基肥。

肥料：生长期可每月施一次稀薄的液肥（如饼肥水），肥料太多或水分太大，会造成枝叶徒长。冬季可少量施肥或不施肥。

修剪：从小苗开始就应注意整形，绑住散开的枝叶，枝叶长好了，再松绑。利用新叶趋光性的特点，经常旋转花盆，让新叶叶片面向太阳。这样处理不但枝叶整齐，株型紧凑，占用的空间少，而且观赏价值高。

🌼 繁殖方法

分株法：生长健壮的植株可在茎的基部萌生许多小芽，待小芽长大，出现不定根时，将其用锋利的刀子分割下来，栽植于育苗盆内。或直接将植株茎上半部切下，留下茎的基部，可萌发新的腋芽，再进行分株繁殖。

扦插法：一般在5～10月进行，剪取健壮的茎干2～3节，直接插入蛭石或粗沙中，保持基质湿润，1个月左右可生根。

🌼 病虫害防治要点

叶斑病：可用50%多菌灵1000倍液或70%托布津1000倍液喷洒防治。

虫害：如果有介壳虫和红蜘蛛为害，可用50%氧化乐果乳油1000倍液或50%马拉松1000倍液喷杀。

旱伞草

科属：禾本科刚竹属
别名：水竹
原产地：西印度群岛和马达加斯加沼
　　　泽地区
花期：4～8月
易种指数：★★★☆

　　旱伞草茎秆似竹，叶形如伞，是一种极富有情调的观叶植物。既可盆栽，也可和假山一起制作盆景。枝叶还可用于插花。可置于客厅、书房、办公室等处，是室内理想的观叶植物。

🌼 养护技巧

光照：旱伞草耐半阴，夏天忌在阳光下暴晒，即使短时间的暴晒，叶尖也会变干枯，最好放在半阴处养护。春、秋季宜在室内光线明亮的地方养护，冬季将其移至室内温暖向阳处。

温度：旱伞草适宜生长温度为18℃～30℃。温度高于20℃，应每天给叶面喷水，并保持盆土湿润。冬天不低于12℃，可正常生长。气温降到5℃时，进入休眠状态，如果环境温度接近0℃时，会因冻伤而死亡。

水分：旱伞草喜温暖、湿润、通风的环境。生长期应保持土壤湿润，平时多给予水分，浇水做到"宁湿勿干"。

土壤：旱伞草对土壤要求不严，喜湿润、疏松、肥沃的土壤。栽培土壤可用泥炭土（或腐叶土）、园土、河沙按3：2：1的比例配制。

肥料：生长期每隔1～2个月施一次稀薄的复合液肥或腐熟的麻酱渣水（饼肥水也可）。要求遵循"淡肥勤施、量少次多、营养齐全"的施肥原则。冬季气温较低一般不施肥。

整形：一般每2年翻盆换土一次。为使株型完美，应适当进行修剪，剪去枯枝残叶及老化、黄化的茎秆，以促进新枝生长，利于植株更新。若盆内植株过于拥挤时，可进行分株。

水培：将植株放入盆钵（或玻璃瓶）中，将洗净的卵石或粗沙等基质填入盆内，压住根系，使植株在盆内不摇动不倒伏为好。将自来水加入盆内，春、秋、冬季可每半个月换水一次，夏季最好3～5天换一次水。换水时应注意将根部黏液冲净，否则容易烂根而死亡。

❀ 繁殖方法

分株法：一般4～6月份结合换盆进行。用锋利的刀子将老株丛分割成几块小株丛，每盆保留茎3根以上，剪下老茎干，把植株栽入新盆。

扦插法：一年四季都可进行，但以春、秋季为好。剪取健壮的顶芽茎段3～5cm，对叶片略加修剪，插入沙或蛭石中，使伞状叶平铺紧贴在基质上，保持插床和空气湿润。

播种法：一般春季3～4月份进行室内盆播，室温在23℃左右时进行。先将盆土进行消毒浸水，然后将种子轻轻撒入育苗盆中，覆土，盖上塑料薄膜。播后20天左右即可发芽，苗高5～6cm时移植到小盆中养护。

❀ 病虫害防治要点

生理性病害：如果空气过于干燥，盆土过干，夏季光照过强，冬季气温低于8℃，常会引起叶片发黄、叶尖枯焦等生理性病害。如有这些症状，可通过改善栽培环境来控制。

叶枯病：可用50%甲基托布津800～1000倍液或80%代森锌1000倍液喷施防治。

虫害：感染红蜘蛛或介壳虫时，可用50%氧化乐果乳油剂或80%敌敌畏乳油1000倍液喷杀。

❀ 温馨提示

旱伞草全草可作药用，具有清热泻火、活血解毒、消肿等功效。主治感冒、中暑、急性胆囊炎、肠炎、腮腺炎、乳腺炎、过敏性皮炎等疾病。

→憨厚可爱的多肉植物←

莲花掌

科属：景天科莲花掌属
别名：荷花掌
原产地：墨西哥
花期：6～10 月
花语：勤劳的管家
易种指数：★★★★

莲花掌叶片肥厚，颜色翠绿，形状似池中莲花，姿态优雅，被称为"永不凋谢的花朵"，具有极高的观赏价值。其养护简单，很适合家庭栽培。置于书桌、几架、窗台、阳台等处，别有情趣，是近年来较流行的小型多肉植物之一。

❀ 养护技巧

光照：莲花掌喜日光充足的环境，在充足的日光照射下，莲花掌不但株型紧凑，而且颜色鲜艳、翠绿。冬季气温较低，在阳光的照射下，其叶片边缘会呈现红褐色，随着气温的转暖，叶片颜色就会逐渐恢复正常。春、秋、冬季都需要充足的阳光，夏季可适当遮阴降温，并放在通风阴凉处。

温度：莲花掌喜温暖的环境，不耐严寒，生长适温为 18℃～28℃，越冬温度不宜低于 8℃。

水分：莲花掌十分耐旱，无论冬、夏季都不宜浇水过多。浇水要掌握"不干不浇，浇则浇透"的原则。夏季要避免长期雨淋，使盆内积水，特别是叶丛中不宜积水，否则会造成烂心。冬季气温低，浇水过多易造成腐根，变成无根植株。

土壤：盆土宜用疏松肥沃、具有良好透气性的沙质土壤。可用腐叶土3份、河沙2份、泥炭土1份、炉渣1份混合配制，并掺入少量的骨粉等钙质材料。

肥料：定植时在花盆底部施用5g左右的马蹄片做基肥，生长期每月施一次腐熟的稀薄液肥或低氮、高磷钾的复合肥。施肥一般在天气晴朗的早上进行，第二天早上浇一次透水，以冲淡土壤中残留的肥液。施肥时不要将肥水溅到叶片上，以免引起叶片腐烂。夏季高温或冬季气温低于10℃时，植株生长缓慢，一般不施肥。

换盆：每隔1～2年换盆一次，一般在春或秋季进行。换盆时剪去烂根，剪短过长老根，以促使健壮新根的生长。还可在盆底铺一层石子或沙砾，以提高排水性。

❀ 繁殖方法

扦插法：可于春、秋季进行（室内扦插四季均可）。剪取顶部带有叶丛的侧枝，去掉下部叶片，剪口稍干燥后，插于湿润的素沙土中，20天左右即可生根。扦插基质不能太湿，否则剪口易发黄腐烂，根长2～3cm时上盆。也可用叶片扦插。叶片扦插一般在4～6月份进行。所采的叶片要求完整成熟，最好先在阴凉处风干2～3天。插时将叶片正面朝上，平铺于潮湿的沙土面上，不必覆土，放在阴凉处，浇水不宜过多。莲花掌的繁殖十分容易，其扦插成活率可达95%以上。

❀ 病虫害防治要点

叶斑病：在阳台上栽培，莲花掌通常不易患病，也很少受到有害动物的侵袭。在高温、高湿的条件下，会有叶斑病发生，可用75%百菌清可湿性粉剂800倍液喷洒防治。

❀ 温馨提示

莲花掌在室内摆放，可吸收甲醛等有害物质，净化空气。放置于电视、电脑旁，可减少电器对人体的辐射。

虎尾兰

科属：龙舌兰科虎尾兰属
别名：虎皮兰
原产地：美洲热带地区
花期：11 月
花语：坚强，刚毅
易种指数：★★★★★

虎尾兰叶片常年碧绿，斑纹奇特，叶片亭亭玉立，刚直挺拔，充满生机，可摆放在客厅、书房、办公室等处。叶片也是插花配叶的主要材料之一。

 养护技巧

光照：虎尾兰喜光，较耐阴，但不宜长时间在荫蔽条件下生活。如果长期处于半阴或荫蔽处，不能直接将其移至光照充足处，要逐渐过渡到阳光充足的地方。夏季避免阳光直晒，秋、冬季适当增强光照。

温度：虎尾兰的适宜生长温度是 18℃～28℃，低于 12℃停止生长，冬季室温不能长时间低于 8℃。夏天高于 32℃时，需要做好通风、降温工作，并合理增加空气湿度。

水分：虎尾兰有一定的抗旱力，浇水应在盆土干透后再浇，做到"干透浇透"。幼苗阶段浇水不宜过多。春季生长旺盛，应充分浇水，但盆土也不宜过湿。夏季温度高，蒸发量大，可增加浇水量。天气干燥时，每天需给叶面喷雾 1～2 次。秋季气温逐渐降低，浇水量也应逐渐减少。入冬后更应少浇水。

肥料：生长旺盛期每月施一次肥即可，施肥量要少。长期施氮肥，叶片上的斑纹就会变淡，所以一般使用复合肥。

有机肥可用腐熟的饼肥，如香油饼、豆饼等，生长期可施饼肥浸泡的稀薄肥水。但切忌施用浓肥或未腐熟的生肥。冬季和夏季休眠期停止施肥。

土壤：虎尾兰对土壤要求不严，栽培土壤最好选择疏松透气、肥沃、排水良好的沙质壤土。可用园土2份、腐叶土4份、干牛粪1份及少量河沙混合。一般2年换一次盆，春季进行，可在换盆时加入腐熟的堆肥做底肥。

❀ 繁殖方法

扦插法：一般在春或秋季进行，温室内四季均可。选择成熟的叶片，剪成数段，每段长10cm左右，放在阴凉、通风处晾半天或一天，待伤口稍干后，插入沙土中，深度为插穗长的1/3，上下不可倒置。浇透水后，放于树阴下养护，保持盆土稍湿润。但金边等彩色品种，不可采用此法，否则易出现"返祖"现象，使美丽的色彩消失，变成纯绿色品种。

分株法：在生长期将植株扣盆，从根茎处分割开，另行种植即可。但分株不宜过勤，虎尾兰一株一年能生出2～3个小芽。春、秋季可结合换盆进行分株，将小株连在母株上的根茎切断，3～4芽为一单位，最好多带些根系，伤口涂抹草木灰，晾干后便可上盆。

❀ 病虫害防治要点

叶斑病：病斑渍状软腐呈黄褐色，中间灰白色。发病初期可用50%多菌灵或甲基托布津800倍液喷施。

根腐病：发病时需要浇灌500倍液的多菌灵或甲基托布津溶液进行防治，最主要的是要控制浇水、加强通风。

介壳虫：可喷施50%氧化乐果乳剂1000倍液，每隔5～7天喷一次，也可用软抹布擦拭叶片，效果良好。

❀ 温馨提示

虎尾兰可吸收室内甲醛等有害气体，还可以吸收二氧化碳，释放大量氧气，对人体非常有益。虎尾兰还有药用价值，具有清热解毒、祛腐生肌的功效。

龙舌兰

科属：龙舌兰科龙舌兰属
别名：龙舌掌
原产地：中美洲及安的列斯群岛
花语：惜别，离别之痛，为爱付出一切
易种指数：★★★★★

龙舌兰株型开散，叶片坚挺美观，终年常绿。园艺品种较多，主要栽培品种有金边龙舌兰、金心龙舌兰、无刺龙舌兰、多刺龙舌兰、矮龙舌兰等，金边龙舌兰最为美观大方。常用于盆栽或花槽观赏，适用于布置小庭院和厅堂。

❀ 养护技巧

光照： 龙舌兰喜充足的阳光，若环境中的阳光不够充足，植株就生长不好，叶片也会失去原有的光泽。一些花叶品种的植株，夏季需适当遮阴，以保持叶片色泽鲜艳。冬季如果所处位置的光线较暗，则应保持低温、不浇水，保持环境干燥，否则会腐烂，春天应立即恢复光照。

温度： 龙舌兰适宜的生长温度为18℃～28℃，夜间12℃～18℃生长最好。越冬温度应保持在7℃以上。冬季低温时应控制浇水，增加光照，有利于提高抗寒性。

水分：龙舌兰生性十分强健，对于水分的要求并不苛刻，浇水做到"干透再浇，浇则浇透"的原则。春、夏季必须给予充足的水分，排水良好，有利于生长。入秋后应少浇水，盆土保持稍干燥为宜。冬季休眠期间，龙舌兰不宜浇灌过多的水分，否则容易引起根部腐烂。如果室内有暖气，温度高于18℃，可进行正常的水肥管理。

肥料：龙舌兰在贫瘠的土壤里也能生长，施肥应掌握"少施、薄施"的原则。生长期每2个月施一次稀薄的仙人掌类液肥，植株生长会更健壮。切勿经常喷洒肥料，否则容易引起肥害。

土壤：龙舌兰对土壤要求不严，但以疏松、肥沃、排水良好的壤土为好。盆栽可用腐叶土3份加粗沙2份混合。

换盆：龙舌兰的生长速度十分缓慢，因此不用经常换盆，倘若经常换盆，不但对植株没有帮助，反而会使龙舌兰的长势变弱。如果植株过大盆过小时，可在春天换盆。应小心抖去根间老土，切去死根，盆底铺一层碎瓦片，

用疏松、肥沃的土壤栽种。开始几周应少浇水，以后逐渐增加浇水量。

🌸 繁殖方法

分株法：在4～5月份换盆时进行。将母株托出，把母株旁的蘖芽剥下，栽种到准备好的培养土里，极易成活。

🌸 病虫害防治要点

在通风、有阳光、干燥的环境下，龙舌兰病虫害少，如果感染叶斑病、炭疽病和灰霉病，可用50%退菌特可湿性粉剂1000倍液喷洒。

🌸 温馨提示

龙舌兰的叶汁有毒，可刺激皮肤，产生灼热感。皮肤过敏者接触汁液后，会引起灼痛、发痒，出现红疹，甚至产生水泡。其叶汁对眼睛也有一定的毒害作用。

玉米石

科属：景天科景天属
别名：耳坠草
原产地：欧洲、西亚和北非
花期：6～8月
易种指数：★★★☆

玉米石株丛小巧玲珑，叶晶莹剔透，犹如翡翠珍珠，非常惹人喜爱。盆栽可点缀于书桌、茶几、案头，极为雅致可爱。

❀ 养护技巧

光照：玉米石喜充足的阳光，光照越强，其叶色越红越艳丽。夏季需适当遮阳，在阴凉通风的环境下，更有利于其生长。秋、冬季应给予充足的光照，可提高抗寒力。

温度：玉米石有很强的耐寒力，能耐3℃的低温。温度接近0℃时，叶片呈亮紫红色，非常美观。在低温的条件下应给予充足的光照，并减少浇水。

水分：玉米石喜干燥的土壤环境，耐旱，怕水湿，盆土长期湿润易烂根。

浇水应做到"干透再浇，浇则浇透"的原则。春季生长旺盛，可适当增加浇水量，7～8月份气温高于35℃，植株处于半休眠状态，应控制浇水。秋季应增加光照，根据天气情况，适度浇水。冬季室内温度过低，应控制浇水，如果室内有暖气，可增加浇水量。

肥料：生长期可每月施一次稀薄的复合肥或有机肥，忌单纯施用氮肥，氮肥过多，节间伸长，叶片疏散，株型不美。应注意氮、磷、钾的均衡配比，9月份施一次磷、钾肥，停施氮肥，可提高植株的抗寒力，10月份后停止施肥。施肥时，不要将肥料沾到叶片上，以免引起叶子腐烂。

土壤：玉米石喜排水良好的沙质壤土。可用园土3份、腐叶土2份、粗沙3份混合配制。另外，加少许木炭屑，配制成排水、透气性良好的沙质壤土。

🌸 繁殖方法

扦插法：一般在春天进行（最好是4～6月份），枝插、叶插都可以繁殖。枝插：剪取健壮的枝条作插穗，长5～8cm，去掉下部的叶片，插入湿润的河沙或蛭石中，插后保持基质湿润，放在树阴下养护，15天左右可生根成活。叶插：将成熟、充实的肉质叶平放在沙床上，干时向基质喷水，2～3周可生根，并长成幼株。

🌸 病虫害防治要点

茎腐病：玉米石病虫害少，如果浇水过多，盆土排水不良，持续过度的潮湿，也易感染茎腐病。主要发生在近地茎部或上部茎节，产生水渍状黄绿色斑块，逐渐软腐。发病初期可喷淋72.2%普力克水剂400倍液，但主要还是改善通风条件，避免持续过度的潮湿。

芦荟

科属：百合科芦荟属

别名：象胆

原产地：非洲南部、地中海地区

花语：自尊又自卑的爱

易种指数：★★★★★

芦荟株型开散，叶色翠绿。开花季节，花序高挺，花朵鲜艳，极为醒目，是理想的室内观赏植物。主要品种有翠叶芦荟、斑纹树芦荟、斑纹芦荟、刺猬芦荟等。芦荟可放在窗台、几案、桌面等处。

养护技巧

光照： 芦荟喜光照，春、秋、冬季宜放在阳光充足的地方，夏季移至通风良好的半阴处养护。阳光越充足，叶色越亮丽。

温度： 芦荟生长适合温度为18℃～32℃，冬季10℃左右能安全越冬，低于5℃易受冻害而死亡。

水分： 芦荟耐旱，怕积水，盆土过湿、排水不良的情况下，易造成烂根、烂叶，甚至整株死亡。浇水应掌握"见干见湿、不干不浇、浇则浇透"的原则。春、秋两季芦荟生长旺盛，应保持较充足的水分，可每周浇一次水。夏季有较短的休眠期，此时应控制水分。冬季如果室内温度较低，应控制浇水，保持土壤偏干为好。浇水不要从上部浇，而应从旁边或根部浇，不要让水浇在叶片上，以免造成叶片腐烂。

肥料： 芦荟比较喜肥，无机肥可选用氮、磷、钾复合肥，有机肥可用发酵的饼肥、鸡粪、堆肥，而蚯蚓粪肥更适合种植芦荟。生长期每月施一次即可，夏季和冬季不要施肥。施肥应掌握"少施、薄施"的原则。

土壤：芦荟喜肥沃、疏松、排水良好、富含有机质的沙质土壤。盆土可用河沙3份、园土3份、腐叶土4份混合配制，并在盆底铺少量碎骨片做基肥。

❀ 繁殖方法

扦插法：一般在春季进行。从老株顶端剪取或切下健壮的短茎为插穗（长8～10cm），在阴凉通风处晾2～3天，待切口干燥后，再插入素沙土中，20天左右即可生根。

分株法：一般在春季结合换盆进行。将母株周围密生的幼株取下盆栽。如幼株带根少，可先插于沙床，待生根后再上盆。

播种法：芦荟长到3～4年即可开花结籽，种子采收后应立即播种。播种最佳温度为18℃～22℃，避免在炎热的夏季播种。

❀ 病虫害防治要点

炭疽病：可用100%抗菌剂401醋酸溶液1000倍液喷洒。此外要减少浇水，同时将病斑多的叶子剪去，清理受害部位，涂上硫黄，以防病害蔓延。

根腐病：应及时将健康的、未腐烂的茎切下来，待切口干后，再重新种下。

虫害：有介壳虫和粉虱为害时，可用40%氧化乐果乳油1000倍液喷杀。在5～9月天气干旱时，易感染红蜘蛛，可用40%的乐果2000倍液喷洒，每隔3～4天喷一次，可连续喷几次药。

❀ 温馨提示

有些品种的芦荟有消炎、抗菌、润泽皮肤、增强皮肤弹性、防止老化、预防雀斑和皱纹等作用。但芦荟鲜叶汁内含有一定量的草酸钙和多种植物蛋白质，皮肤特别敏感的人，外用新鲜芦荟叶搽抹后，皮肤有痒的感觉或发出红色小疹斑点，一般不会太严重，半天时间可消退。

金 琥

科属：仙人掌科金琥属
别名：象牙球
原产地：墨西哥沙漠地区
花语：坚强，将爱情进行到底
易种指数：★★★★☆

　　金琥寿命很长，栽培容易，成年大金琥花朵极美丽，球金碧辉煌，而且体积小，占据空间少，是家庭绿化十分理想的一种观赏植物。金琥的主要变种有白刺金琥、狂刺金琥、短刺金琥等。

❀ 养护技巧

光照：充足的光照对金琥的生长很重要，春、秋、冬季须放于阳光充足处。夏季宜半阴，当气温达到35℃以上时，中午前后应遮阴。在上午10点以前或下午5点以后，将它置于阳光下，可促使其多育花蕾。如果金琥长期放于室内，见不到阳光，会影响其体色及长刺。金琥冬季入室要放在窗台有阳光处，并要经常转盆，使球体各处均匀接受光照。

温度：冬季金琥一般处于休眠状态。4月金琥苏醒并开始生长。5～6月金琥进入生长旺期。7～8月金琥进入夏眠，9月金琥再次苏醒。11月中下旬气温降低，金琥逐渐进入休眠期。金琥不耐寒，气温降至6℃左右时，把金琥搬入室内有阳光处，保持盆土干燥，避免冷风吹袭。

水分：金琥虽然耐旱，但在干旱条件下生长缓慢，故应适度浇水。浇水掌握"不干不浇，浇则浇透"的原则。春、秋季需水量多，浇水时间最好是在清晨和傍晚，不能向球的顶部及嫁接部位喷水，以免积水腐烂。切忌在寒冷的冬季浇过凉的水。秋末、冬季应减少浇水，以增强抗寒力。

肥料：金琥幼苗期可施少量骨粉或过磷酸盐。成苗期可施氮、磷、钾等量配比的无机液肥，浓度不可过高。春季应勤施薄肥，每半个月一次。盛夏高温时不施肥。9～10月可施稀薄肥液2～3次，11月至翌年3月不施肥。施肥宜早上9～10点或下午5点以后进行，施肥后隔一天再浇水。

土壤：金琥喜排水、透气良好且含石灰质的沙土或沙壤土。培养土可用粗沙3份、园土3份、腐叶土2份加少许过磷酸钙或骨粉混合。

换盆：每年应进行一次翻盆换土和剪除老根。4月将球从盆中取出，剪除老根，勿伤主根。剪好后，把它放在通风处晾2～3天，使剪口风干，换盆使用的新培养土，加入发酵后的有机肥做基肥。盆土要在阳光下暴晒或喷药等办法进行消毒处理。

❀ 繁殖方法

播种法：用当年采收的种子出苗率高。播种在5～9月进行，发芽后30～40天幼苗球体已有米粒或绿豆大小，可进行移栽或嫁接在砧木上催长。

仔球嫁接法：将培育3个月以上的实生苗嫁接在柔嫩的量天尺上。待接穗长到一定大小或砧木支撑不了时，可切下，晾干伤口后进行扦插、盆栽。在土壤肥沃、空气流通的良好环境下，不经嫁接的实生苗生长也很快。上盆后的实生苗或嫁接仔球，应放置在半阴处，忌阳光直射，7～10天后球体不萎缩，即成活。

❀ 病虫害防治要点

金琥生性强健，抗病力强，但夏季由于湿热、通风不良等因素，易受红蜘蛛为害，应加强防治。红蜘蛛可用40%乐果或90%敌百虫1000～1500倍液喷雾防治。

❀ 温馨提示

金琥的刺很锋利，如果扎伤皮肤，应及时用酒精或碘酒消毒。

蟹爪兰

科属：仙人掌科蟹爪兰属
别名：仙指花
原产地：巴西
花期：11～12月
花语：鸿运当头，运转乾坤，锦上添花
易种指数：★★★★☆

　　蟹爪兰既可盆栽置于客厅、书房、案几上，也可在阳台、窗前吊盆栽培欣赏。蟹爪兰的主要品种有圆齿蟹爪兰、美丽蟹爪兰、红花蟹爪兰等。

养护技巧

光照：蟹爪兰属短日照植物，栽培环境要求半阴、湿润。春、秋季节可给予直射阳光照射，以利于进行光合作用。夏季避免烈日暴晒，宜放在半阴处。冬季要求环境温暖和充足的光照。秋、冬季为蟹爪兰的孕蕾开花期，9月下旬可稍见阳光，10月中下旬再给予全光照，可促成花芽分化、多孕花蕾。

温度：蟹爪兰最适生长温度为18℃～28℃，开花温度以15℃左右为宜，夏季气温超过34℃时进入休眠状态。忌寒冷霜冻，越冬温度需要保持在10℃以上。

水分：蟹爪兰的耐旱能力很强，但并不等于不给它浇水。浇水的原则是"见干见湿、干要干透、不干不浇、浇就浇透"。施肥浇水时不要把植株弄湿。

肥料：生长期每月施一次稀薄的复合肥，不要沾污茎节。对已现花蕾的蟹爪兰，应坚持每隔半个月施一次富含磷、钾的稀薄液肥，入秋以后到开花前，肥水不断。夏季高温有一段休眠期，应停肥、控水，直至茎节上冒出新芽。

土壤：盆栽用土要求疏松、肥沃、排水透气性良好。盆栽土可用2份细沙、3份腐叶土、1份园土混合而成。

整形修剪：转年的2～3月份，蟹爪兰的花势将逐渐减弱。此时，蟹爪兰将进入休眠期，原来挂花的那些茎节，大多数发软起皱，可将这些参差不齐的茎节及主茎节上吊，将过多的弱小花蕾适当剪除。除掉弱小过剩的花苞。

换盆：蟹爪兰可每隔2年换盆一次，通常在春季进行。在盆底垫约2cm厚的沙石子，以利于排水，还应在培养土中加入含磷较多的腐熟有机肥或复合肥，但根系不要直接与肥料接触。

🌸 繁殖方法

扦插法：春季选取生长充实的变态茎进行扦插，以3～5个茎节为一段，剪口晾干后，再扦插到河沙或蛭石中。插后放阴凉通风处，1个月左右即能生根。

嫁接法：一般4～5月嫁接最好。嫁接时，选择健壮肥厚、高约30cm的植株作砧木，切去顶端10cm，留下20cm，并切成楔形口，再将充实的蟹爪兰接穗（取3～5节）下端削成鸭嘴状，削后立即插入楔形裂口，插入深度以接触砧木中心的木质部分为宜。嫁接后，放在阴凉处，保持较高的空气湿度。10天左右，如果接穗仍保持鲜绿挺直，说明愈合成活。

🌸 病虫害防治要点

叶枯病：发病严重的植株应拔除集中烧毁。病害发生初期，可用50%多菌灵可湿性粉剂500倍液喷洒。

虫害：在夏季空气炎热干燥、通风不良时，蟹爪兰易发生红蜘蛛为害。在春、秋季干燥时期，疏掉一些过密的茎节，并把植株放在通风良好的地方，可喷洒40%氧化乐果乳油剂2000倍液。介壳虫为害严重时，可用竹片刮除，严重时用25%亚胺硫磷乳油800倍液喷杀。

仙人掌

科属：仙人掌科仙人掌属
别名：仙巴掌
原产地：热带、亚热带的高山干旱地区
花期：5～10月
花语：外刚内柔
易种指数：★★★★★

仙人掌可单株摆放在窗台、茶几、桌台等处。仙人掌主要品种有团扇仙人掌、段型的仙人掌、球型仙人掌、食用仙人掌等。

❀ 养护技巧

光照：仙人掌喜阳光充足，特别是冬季更要给予充分的阳光照射。在栽培过程中，只要温度条件许可且不是多雨季节，应尽可能将仙人掌类放到室外养护，因室外紫外光较高，有利于植株健壮生长。

温度：仙人掌的生长适温为18℃～30℃，保持较大的昼夜温差，有利于仙人掌的生长。避免夏季持续的闷热高温，当夏季气温在30℃～35℃时，大部分种类生长缓慢，超过38℃时，

进入被迫休眠。

水分：盆栽仙人掌浇水做到"见干见湿，浇则浇透"。冬季室温达15℃以上，可正常浇水。当室温在5℃～10℃时每半个月浇水一次，低于5℃可完全停水。7～8月当气温超过38℃时，植物被迫休眠，应加强通风，节制浇水，待秋凉后再恢复正常的浇水。

肥料：施肥掌握"适时、适量"的原则。一般气温高于32℃、低于18℃均应停止施肥。春、秋季每隔20天施肥一次，最好选择晴天的清晨或傍晚进行。若盆土较干燥时，浇点水再施肥，浓度以0.05%～0.2%为宜，第二天早晨浇

一次透水，效果更佳。为促进植株生长并能尽早开花，可适当浇施 0.3% 磷酸二氢钾或重过磷酸钙溶液。

土壤：仙人掌喜疏松透气、排水良好且含丰富养料的土壤，可用壤土 2 份、腐叶土 4 份、粗沙 2 份、炉灰 2 份混合。

繁殖方法

扦插法：选取 1～2 节强壮无病虫害的茎块，可在缺口处涂上一层草木灰以防腐烂，然后放置阴凉处晾 3～5 天，再扦插于装好土的花盆里。新株苗插好后，置阴凉处，过 3～5 天后，再浇水。

嫁接法：先选择好砧木与接穗，一般常以棒形、球形、楔形仙人掌类肉质植物为砧木，以花色艳丽的蟹爪兰及形状、颜色均很美观的仙人球为接穗，进行嫁接。在嫁接时要特别注意：接穗和砧木的切口要平整，大小要相同，高低要适当。在切口与切口处对准缝合后，固定牢靠，扎紧绑线，不使接穗动摇或掉下。嫁接好的植株要放在阴凉处 7～10 天，待接口愈合后，才可移至阳光充足的地方。

病虫害防治要点

茎腐病：发现病株后，立即用利刀切除有病组织，并在切口涂上木炭粉或硫黄粉，同时节制浇水或换盆，另行扦插或嫁接。可在栽植场所及植株上定期喷洒 40% 氧氯化铜悬浮剂 800～1000 倍液以做预防，但主要还是改善通风条件。

虫害：防治介壳虫可喷施 50% 氧化乐果乳剂 1000 倍液。

温馨提示

仙人掌类植物夜间可吸收二氧化碳，释放出氧气，起到净化空气的作用。仙人掌可用作中药，有清热解毒、散瘀消肿、健胃止痛、镇咳等功效。菜用仙人掌具有降血糖、降血脂、降血压的功效。仙人掌类植物刺内含有毒汁，人体被刺后易引起皮肤肿痛和瘙痒等症。

生石花

科属：番杏科生石花属
别名：石头花
原产地：南非及西南非洲的干旱地区
花语：顽强
易种指数：★★★☆

生石花外形像卵石，是一种高度发展的"拟态"植物，也是世界著名的小型多肉植物，常用来盆栽供室内观赏。它被称为"有生命的石头"，是植物界中的瑰宝。

❀ 养护技巧

光照：生石花喜阳光，但夏季应放在阴凉处，其他季节可给予充足的光照。

温度：生石花的生长期为 3～5 月，生长适温为 20℃～24℃，6 月后气温升高，逐渐进入休眠期，夏季在盆土表面铺上一层小卵石能防晒降温。冬季温度需保持 10℃以上，气温低于 8℃时休眠。

水分：浇水应做到"见湿见干、不干不浇、浇则浇透"的原则。春季生长旺盛，供水要充足。夏季高温生石花处于休眠或半休眠状态，应遮阴并节制浇水。秋季气温逐渐降低，这时适当增加浇水次数和浇水量。冬季要严格控制浇水，保持盆土干燥为好。

施肥：生石花的底肥可用腐熟的羊粪，因其腐熟后富含钾元素，为增加微量元素和氮肥，可再加入少量腐熟的油饼粕。花期施入过磷酸钙，可补充磷和钙，并使其在微碱性基质中发挥作用。施肥做到薄肥勤施，千万不可施浓肥。夏季一般不施肥。

土壤：生石花喜疏松透气、富含有机质、排水性好的土壤。可用君子兰土，再加入 2～3 倍的珍珠岩或蛭石，同时添加少量钙肥。也可用肥沃的腐殖土 2 份、粗河沙 3 份混合配制，再掺入少量的骨粉做基肥。

❀ 繁殖方法

播种法：播种土可用蛭石或细沙 3 份和草炭土 1 份的混合土，并对土壤进行高温消毒。因种子细小，播后不必覆盖太多的土，并罩上塑料薄膜进行保湿，浇水应采用"洇灌"的方法，播后 7 ～ 10 天发芽。出苗后及时去掉塑料薄膜。刚长出的小苗常常会东倒西歪，根部也裸露在土壤外面，可用牙签、镊子等用土将露在外面的根部覆盖，并将歪倒的植株扶正，以后让小苗逐渐见光。

分株法：对于根部腐烂的群生植株，则可在秋季结合换盆进行分株繁殖。方法是将群生的植株用手掰开，在其伤口处涂抹草木灰或木炭粉，并晾晒 3 ～ 5 天，等伤口干燥后再栽种。

自身分裂法：生石花在生长中有一个脱皮、分裂的过程。这个由新植株替代老植株的过程，就是脱皮生长和分裂繁殖过程。在这个过程中，切忌往植株上喷水，以防感染。

❀ 病虫害防治要点

植株腐烂：为预防此病，可喷洒多菌灵、甲基托布津之类的灭菌药物，平时每月喷一次，如果发生植株腐烂，也可用 65% 代森锌可湿性粉剂 600 倍喷洒。此外，应加强通风，避免盆土积水。

虫害：如果发生根粉蚧，可将有虫害的根部剪除，晾 3 ～ 5 天后，再用消过毒的新培养土栽种。或在盆土中埋呋喃丹或浇灌氧化乐果等农药进行预防。

❀ 温馨提示

生石花在室内摆放可吸收甲醛等有害物质，净化空气。放置于电视、电脑旁，可减少电器对人体的辐射。

参考文献

[1] 马西兰. 观叶植物种植与欣赏 [M]. 天津: 天津科技翻译出版有限公司, 2012.

[2] 刘耕春. 室内绿化知识问答 [M]. 天津: 天津科技翻译出版有限公司, 2010.

[3] 杨先芬. 花卉文化与观赏园林 [M]. 北京: 中国农业出版社, 2005.

[4] 戴致棠, 林方喜, 王金勋. 室内观赏植物及装饰 [M]. 北京: 中国林业出版社, 1994.

[5] 马西兰. 多浆植物的观赏与养护 [M]. 天津: 天津科技翻译出版有限公司, 2010.

[6] 唐芩. 吉祥植物 [M]. 南宁: 广西科学技术出版社, 2002.

[7] 林新洲. 花之源 花之道 [M]. 北京: 中国国际广播出版社, 2003.

[8] 北京林业大学园林系花卉教研组. 花卉学 [M]. 北京: 中国林业出版社, 1988.

[9] 陈健辉. 观赏园艺 [M]. 广州: 广东科学技术出版社, 2004.

[10] (法) 米奥莱恩. 室内园艺大百科 [M]. 郑瑞彬等译. 南京: 江苏科学技术出版社, 2002.

[11] 中国园林网: http://www.yuanlin.com.

[12] 中国景观植物网: http://plant.archina.com.